환경분석실습

고재철 지음

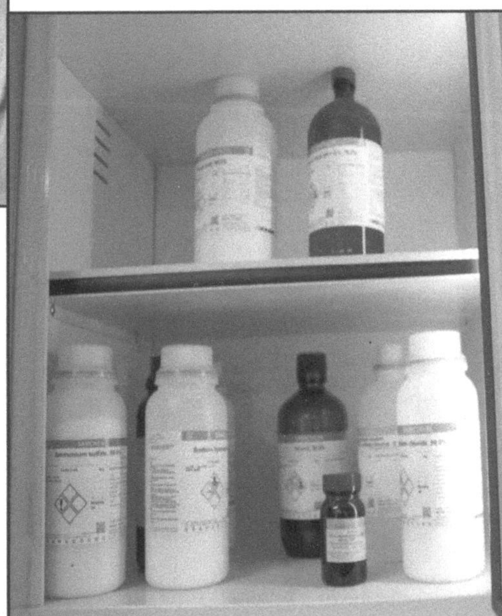

도서출판 GS인터비전

머리말

다양한 산업군의 발전과 도시의 거대화로 인한 환경오염 문제는 다양한 형태로 발생하고 있으며, 환경오염에 대한 법적인 규제는 강화되고 있습니다. 학령인구의 감소로 인한 교육 현장에서는 환경전공 교과목의 비중이 점진적으로 낮아지고 있으며, 산업환경 분야에서는 환경오염 분석인력의 확보에 어려움을 겪고 있습니다.

본 도서는 환경오염물질의 분석에 대한 이해를 높이고, 기술인력의 실험분석 능력이 요구되는 수질 및 대기분야의 기초지식을 습득할 수 있도록 최근의 공정시험방법을 반영하였습니다. 환경분석 기술인력이 산업현장에서 필요로 하는 최소한의 실무역량을 확보할 수 있도록 실험교재로 구성하였습니다. 본 도서를 토대로 실험실습을 경험하고 내용을 충분히 숙지한다면 어렵게만 생각했던 분석실험에 자신감을 가질 수 있을 것입니다. 화학분석기능사, 환경기능사, 화학분석기사 등 전문 자격분야에서 수험자에게 기여할 수 있기를 기대합니다.

2025년 7월

차례

1장

실험실 안전수칙

1.1 실험실의 안전

1.1.1 실험실에서의 위험요소

화학실험을 수행하면서 근본적으로 위험을 완벽하게 피할 수는 없다. 그러나 화학적 혹은 물리적 성질의 지식을 잘 적용하고, 실험실의 기본적인 안전수칙을 잘 이해하며 훈련을 통하여 위험을 줄일 수 있다.

화학실험을 하는데 접할 수 있는 근본적인 위험요소는 다음과 같다.

- 유독성, 가연성 혹은 폭발성 물질
- 높은 온도와 압력
- 전기

실험실에서의 특별한 사고는 중독, 가연성가스, 증기 혹은 물질을 다룰 때 화재와 폭발, 뜨거운 물질, 액체의 가열, 산과 알칼리 접촉, 압력용기의 폭발, 전류의 변화 등으로써 사고예방을 위하여 정신을 집중시키는 것은 근본적인 규칙이다.

1.1.2 실험실 안전의 기본

실험실에서 발생할 수 있는 위험의 종류와 정도를 사전에 알고 충분한 대책을 세워 실험이 안전하게 수행되도록 함으로써 자신은 물론 주변사람들에게까지 위험을 주지 않도록 하여야 한다. 이를 위해서 4가지 실천사항의 생활화가 이루어져야 한다.

(1) 실험자의 안전행동

실험이 안전하게 이루어지기 위해서는 실험에 임하는 자신의 안전부터 먼저 생각하여야 한다. 실험자의 행동이 안전하지 않으면 올바른 실험의 성과를 얻기 어려울 뿐만 아니라 신체손상이나 어렵게 도출한 실험결과물까지 손실될 수 있다.

(2) 물질 및 재료의 안전취급

실험에 사용하는 화학물질이나 원재료 가운데는 유해·위험성을 많이 내포하고 있으며, 화재폭발위험 또는 부식, 중독 위험성 등도 갖고 있다. 이와 같이 다양한 성질을 갖고 있는 물질의 특성을 이해하지 못하고 사용하다 보면 안전한 행동을 하려고 해도 사고의 개연성을 완전히 분석할 수 없다.

(3) 시험장치 및 설비의 안전화

실험에 사용되는 각종 실험기기나 설비는 근본적으로 물리화학적 작용에 의한 위험 요소로 인해 안전화가 도모되지 않으면 안된다. 따라서 사람을 보호할 수 있는 방호 장치나 설비가 기기장치에 부착되어 이상없이 작동이 되어야 한다.

(4) 안전교육과 정보전달

안전한 재료의 취급 및 실험장치 등에 대해 올바른 사용방법과 사고시 응급대처 요령 등을 사전에 수시교육하며, 새로운 정보를 신속·정확하게 제공하여야 한다.

1.1.3 기본규칙

실험실에서는 다음과 같이 기본규칙을 적용함으로써 위험요소를 줄이며 사전예방을 할 수 있다.

(1) 사전 준비사항

- 연구실 위험요소별 적정한 안전수칙을 작성하고 숙지한다.
- 책임자는 실험 중 발생할 수 있는 위험요소에 대하여 사전 안전교육을 실시한다.
- 부상자 발생에 대비하여 구급약품을 비치한다.

(2) 실험실 일반행동 안전

- 실험실에서 혼자 작업하지 않으며, 늦은 시간까지 실험이 진행될 경우 안내실(경비실)에 사전통보한다.
- 위험요소가 있는 실험을 실시할 경우 적절한 보호구를 착용한다.
- 실험실에서는 음식물섭취, 식품보관, 흡연 및 화장 등의 행위를 하지 않는다.
- 지정된 장소에서만 실험을 수행한다.
- 실험과 무관한 물품을 반입하지 않도록 한다.
- 실험실 퇴실 전에는 항상 이상유무를 주의깊게 확인한다.

(3) 점검 및 기록의 유지

- 실험실 출입문(눈에 잘 띄는 곳)에 비상 및 응급의료기관 연락망과 연구실 책임자, 종사자 명단 등의 기록을 표시한다.
- 매일 1회 일상점검을 실시하며 점검사항을 기록 유지한다.
- 월 1회 이상 정기적으로 실험실 안전점검을 실시하고 실험실 안전관리 점검표를 작성한다.

1.1.4 실험실 안전사고 예방대책

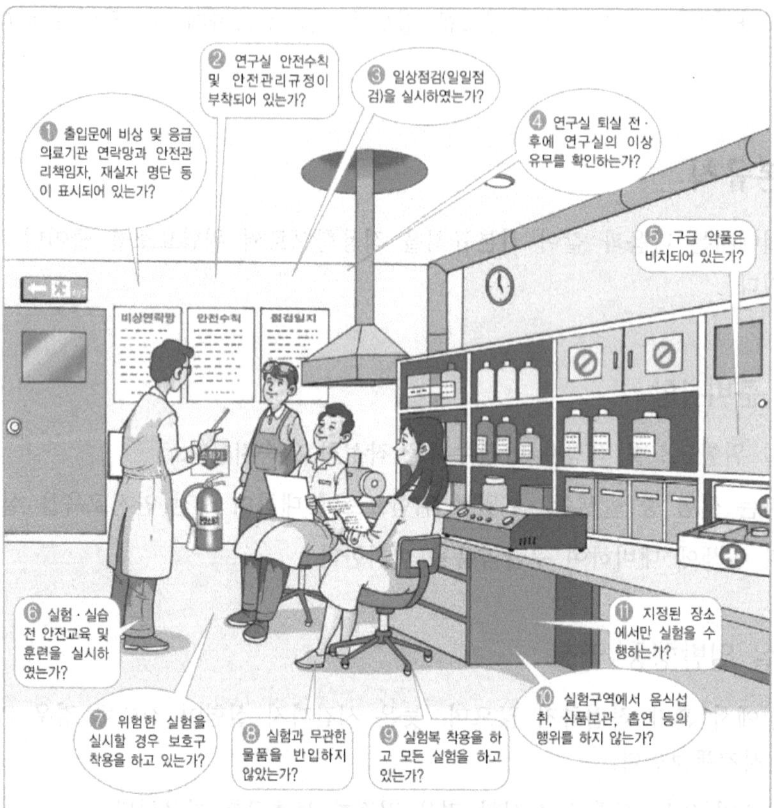

〈그림 1-1〉 실험실 안전사항.
출처 : 교육시설재난공제회, 2008, 「그림으로 보는 연구실 안전」.

① 실험실 출입문(눈에 잘 띄는 곳)에 사고시 비상 및 응급의료기관 연락망과 연구실 책임자, 출입가능 종사자 및 재실자 명단(외부) 등의 기록을 표시한다.

② 실험실 위험요소별 적정한 안전수칙을 작성하고 숙지한다.

③ 실험 전 매일 일상점검 실시 후 근거 자료를 기록유지한다.

④ 실험실 퇴실 전·후에 실험실의 이상 유무를 주의깊게 확인한다.

⑤ 부상자 발생에 대비하여 화상연고, 밴드, 소염제 등의 구급약품을 비치한다.

⑥ 책임자는 실험 전에 실험 중 발생할 수 있는 위험요소에 대하여 사전안전교육을 실시한다.

⑦ 위험발생 요소가 있는 실험을 실시할 경우 적정한 보호구를 착용한다.

- 보호 장비의 보관함 상태와 청결성을 주 1회 이상 점검한다.
- 보호 장비의 기능, 연결부위의 견고성, 안면부·머리끈·밸브·연결관·여과재 등 부상태를 주 1회 이상 점검한다.
- 보호 장비는 별도의 보관소에 보관·관리되어야 한다.

⑧ 실험과 무관한 물품의 반입을 하지 않도록 한다.

⑨ 모든 실험은 실험복 착용을 원칙으로 한다.

⑩ 실험구역에서 음식섭취, 식품보관, 흡연 및 화장 등의 행위를 하지 않도록 한다.

⑪ 지정된 장소에서만 실험을 수행한다.

1.2 화재의 위험과 화재예방

1.2.1 화재 발생의 조건

화재는 연료(가연물), 열(점화원), 산소 등 3가지 조건이 갖추어져야만 발생가능하다. 그래서 이 3가지를 연소의 3요소라고 한다. 이와 더불어 자립연쇄화학반응이 발생해야 하며 이들을 합하여 화재의 4요소라고 부른다.

① 가연성물질(고체, 기체, 연기)

② 산소, 공기(약 21% 산소)

③ 점화원(불길, 스파크, 방열체 혹은 가열금속)

④ 점화원 가연물

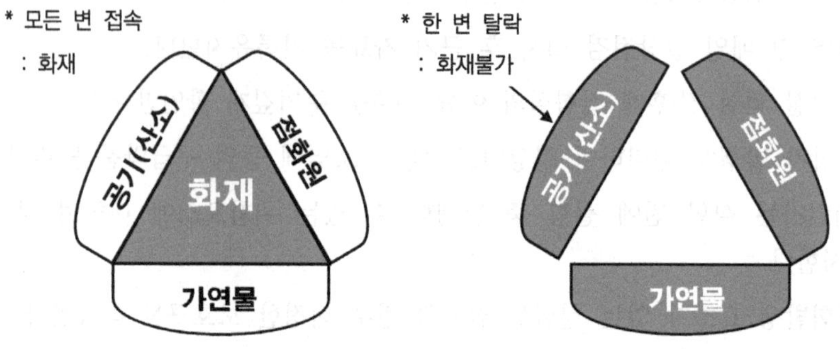

〈그림 1-2〉 화재의 조건.

1.2.2 화재 예방에 대한 규칙

- 50㎖ 이상의 비화성 액체를 가열하는 동안 특별한 주의가 필요하다.
- 인화성 증기가 퍼지는 것은 예방되어야 하며, 증기는 대개 공기보다 무겁고 짧은 시간에 수 미터나 퍼진다. 점화의 공급원(분젠버너, 가열판, 가열멘틀)은 증기로부터 없애거나 멀리 떨어진 곳에 이동해야 한다.
- 정전 전하는 불꽃방전을 통해 불이 일어날 수 있다. 부전도액(아세톤, 에테르, 이황화탄소, 톨루엔)을 유리 혹은 플라스틱 용기에 넣는 동안, 전기가 발생될 수 있다. 그러므로 만약 용기 바닥까지 이르는 적당한 깔대기의 사용이 가능하다면, 액체가 막 떨어지는 것을 피하여 천천히 주입시킨다. 전도성 용기들은 접지 되어야 하며, 이것은 또한 전도성 혹은 비전도성 용기나 장비에도 적용된다.
- 가스의 발화는 불꽃(빛, 열)에 의해 일어날 수 있다. 이처럼 쉽게 발화되는 액체는 냉각된 상태에 보관해야 한다.
- 진공증류 시 모세관이나 끓임쪽을 사용하여 증류 시 펌핑을 피하여야 한다.

1.2.3 보호 장비와 소방기구

- 비상구는 분명히 표시되어 있어야 하고, 장애요인이 없어야 하며 적어도 한두 개의 비상구는 이용이 가능하여야 한다.
- 경보기는 설치되어야 하고, 비상사태 시 신고할 전화번호를 전화기 근처에 분명히 표시해 둔다.

- 적어도 각 실험실마다 안전세척기(safety shower)가 준비되어야 한다.
- 방화용 담요는 쉽게 이용할 수 있어야 한다.
- 모래를 담은 양동이를 사용한다.
- 휴대용 이산화탄소 소화기 혹은 여러 종류의 간이소화기(CO_2분말 소화기)는 쉽게 접근할 수 있는 곳에 비치한다.
- 경보기를 포함하여 모든 화재 예방장비들은 적색으로 표시한다.

1.2.4 화재 시 소화활동 절차

- 상처를 입은 사람들은 화재지역으로부터 이동시킨다.
- 옷에 불이 붙은 사람은 바닥에 준비된 불을 끄는 방화용 담요를 이용해 즉시 싸거나, 이산화탄소 소화기를 사용하거나(얼굴은 피하고) 실험실 샤워로 처치해야 한다.
- 화재경보기를 작동시킨다.
- 가능하면 가연성 물질이나 가스용기를 안전한 곳으로 이동시킨다.
- 메인 밸브를 잠가 가스공급을 중단시킨다.
- 전기설비와 관련된 화재의 경우에는 가능하다면 소화활동을 하기 전에 스위치를 내려 전기 공급을 중단한다.
- 소화활동을 하되 진화에 희망이 없을 때는 건물을 비운다.

1.2.5 실험실에서 화재 시 소화활동

대부분 실험실 화재에 있어서 이산화탄소 혹은 Halon R소화기로서 충분하다. 이런 소화기들은 잔재가 남지 않고 공간을 오염시키지도 않으며 민감한 실험 장치를 손상시키지도 않으며 화학적으로 중성이며, 그리고 전기설비에도 이용된다. 이산화탄소로 화재를 성공적으로 진화한 후에는 화재장소를 질식의 위험으로부터 벗어나도록 즉시 환기시켜야 한다.

알칼리물질 혹은 리듐, 알루미늄 수소화물과 관계된 화재는 어떠한 일이 있어도 물이나 Halon R을 사용해서는 안 된다. 이런 경우의 화재 발생시는 분말결합제의 사용을 권하며 이산화탄소 혹은 분말소화기들은 인화성 액체의 화재 시 사용된다.

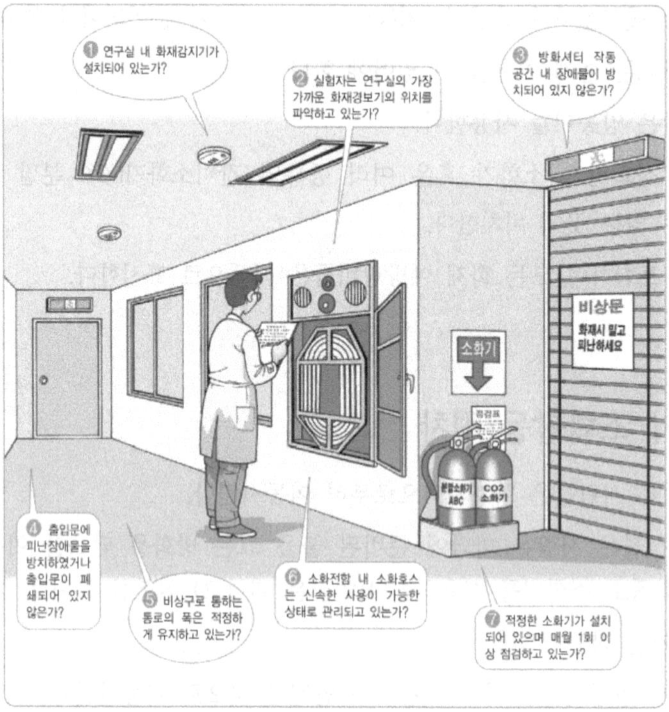

〈그림 1-3〉 실험실 소방안전.
출처 : 교육시설재난공제회, 2008,「그림으로 보는 연구실 안전」.

① 화재 발생시 비상경보가 발령될 수 있도록 화재감지기를 설치하고 정상적으로 동작할 수 있도록 유지관리하여야 한다.

- 경보설비는 다른 실험실 종사자들에게도 위험사항을 신속히 알릴 수 있어야 한다.

② 모든 종사자(교직원, 학생 포함)는 그가 속한 실험실에서 가장 가까운 화재발신기의 정확한 위치를 알고 있어야 한다.

③ 화재 발생시 방화셔터 작동에 지장이 없도록 장애물 설치 및 적재를 금지한다.

④ 실험실 통로는 통행에 방해되는 장애물이 없도록 유지되어야 한다.

⑤ 비상구로 통하는 통로의 폭은 신속하고 원활한 대피를 위해서 90 cm이상 유지할 수 있도록 한다.

- 실험실은 출입구 외에 안전한 장소로 대피할 수 있는 1개 이상의 비상구를 설치하고, 항상 사용이 가능한 상태로 유지 관리한다.

- 비상구, 비상통로, 비상용 기구 등에는 '비상용'임을 표시한다.

⑥ 복도에 설치된 소화전함 내 소화호스는 수전부에 체결하고 신속한 사용이 가능하게 풀림이 용이한 상태로 유지 관리한다.

⑦ 소화기는 화재 발생시 신속하게 사용할 수 있도록 유지 관리하여야 한다.

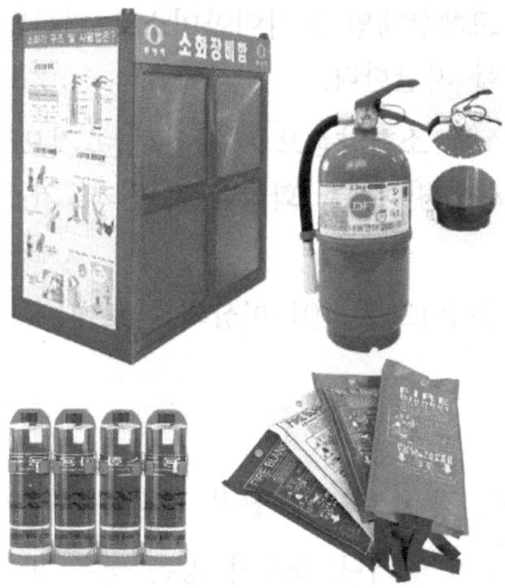

〈그림 1-4〉 소화용품.

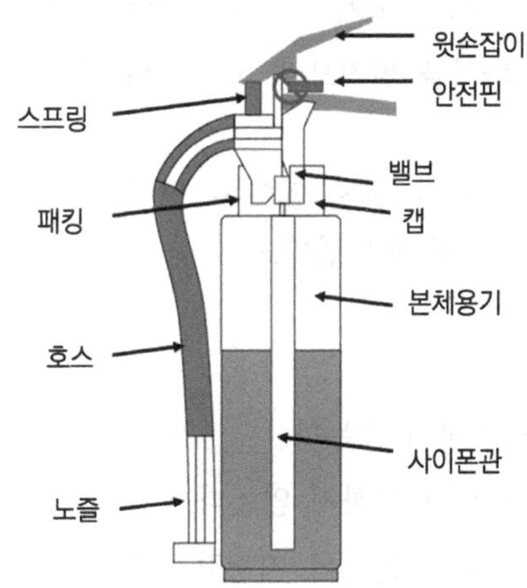

〈그림 1-5〉 소화기 구조.

1.2.6 소화기 안전관리 요령

(1) 소화기 종류

- 사용하는 소화약품이나 방법에 따라 다양한 종류로 나뉨
- 포말소화기, 이산화탄소 소화기, 할론 소화기 등
- 포말소화기는 소화기를 거꾸로 흔들면 속에 있는 탄산수소나트륨 용액과 황산알루미늄 용액이 화학반응을 일으켜 이산화탄소와 수산화알루미늄이 생겨나도록 설계된 소화기이다.
- 이산화탄소 소화기는 이산화탄소를 액화하여 충전한 것으로 액화상태의 이산화탄소

가 용기에서 방출되면 고체상태인 드라이아이스로 변하면서 화재가 난 곳을 이산화탄소 가스로 덮어 공기를 차단한다.

- 할론소화기는 할론 가스를 소화약품으로 사용하는 것으로 물이나 분말가루를 남기지 않기 때문에 일반 화재 및 유류, 화학약품, 전기, 가스 등 화재 전반에 걸쳐 다양하게 사용된다.

(단, 내용물이 가압된 상태이므로 49℃이상의 온도에는 노출시키지 말아야 한다.)

(2) 소화기 보관요령

- 소화기는 받침대에 보관, 각 소화기에 월별 점검표를 부착한다.
- 직사광선을 피하고, 온도가 높거나 습기가 많은 곳은 피한다.
- 통행에 불편을 주지 않고, 눈에 잘 띄는 곳에 비치한다.
- 실험실 내부의 출입구 주변과 복도에 장소를 지정하며 임의로 장소를 옮기지 않는다.
- 한 실험실 당 하나의 소화기를 원칙으로 하며 실험실 규모에 따라 20 m마다 한 대씩 비치한다.
- 분말소화기의 경우 소화약제가 굳지 않도록 월 1회 정도 위 아래로 흔들어 준다. (이때 안전핀이 빠지지 않도록 주의한다.)

(3) 소화기 안전수칙

- 소화기 주위에 물건을 방치하지 않는다.
- 소화기를 출입문 고정용으로 사용하지 않는다.
- 소화기 월별 점검 시 누락되지 않도록 지정장소 외의 장소로 이동을 금한다.
- 위급한 상황에 사용할 수 있도록 사용법을 습득한다.

1.2.7 비상 샤워장치

(1) 세안장치 사용법 및 주의사항

세안장치는 실험 중 감염성 물질 및 화학물질이 연구자의 눈에 튀었을 때에 즉시 눈을 씻을 수 있는 장치이다.

- 물 또는 눈 세척제는 직접적으로 눈을 향하게 하는 것보다는 코의 낮은 부분을 향하도록 한다.
- 눈꺼풀은 강제적으로 열리도록 하여야 눈꺼풀 뒤도 효과적으로 세척할 수 있다.

- 코의 바깥쪽에서 귀 쪽으로 세척한다.
  (씻겨진 화학물질이 거꾸로 눈 안이나 오염되지 않은 눈으로 들어가는 것을 피할 수 있다.)
- 물 또는 눈 세척제로 최소 15분 이상 눈과 눈꺼풀을 씻어낸다.
- 유해한 화학물질로 오염된 눈을 씻을 때에는 가능한 빨리 콘텍트 렌즈 등은 벗겨낸다.
- 피해를 입은 눈은 깨끗하고 살균된 거즈로 덮는다.
- 병원이나 구급대에 전화한다.

(2) 샤워장치 사용법 및 주의사항

샤워장치는 실험도중 실험자의 전신에 화학물질이 튀었거나 옷에 불이 붙었을 경우 그 즉시 씻을 수 있는 시설이다.

- 실험실 작업자들이 그들의 눈을 감은 상태에서 샤워장치에 도달할 수 있어야 한다.
- 화학물질의 접촉 가능성을 줄이기 위해 화학물질이 묻어있는 부분의 옷을 벗는다.
- 손잡이를 잡아당기고 최소 15분에서 30분까지 충분히 화학약품이 씻겨나갈 때까지 샤워한다.
- 사용 후에는 손잡이를 밀어 올린다.
- 사용 시 계속해서 물이 쏟아져 내리므로 비상시외에는 절대 사용을 금지한다.
- 샤워장치 앞에는 장애물을 쌓아두지 않는다.

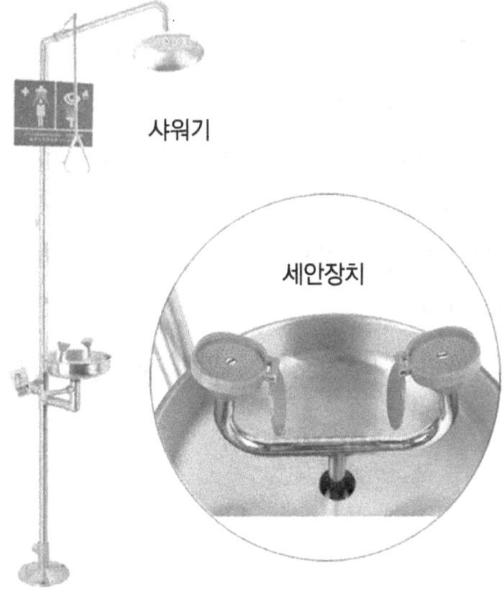

〈그림 1-6〉 비상 샤워장치.

1.3 화학안전

1.3.1 화학약품의 취급

많은 화학약품들은 유독함으로 건강에 해롭고 부식성, 자극성, 가연성이며 혹은 취급시 화재(highly flammable)의 위험성이 잠재되어 있다.

- 위험한 화학약품은 깨지기 쉬운 용기이면 5ℓ를 초과하지 않는 용기에 보관한다. 단, 불을 끄는 재료와 불연재료, 흡습성을 갖춘 용기와 같이 특별히 보호된 장치는 제외한다.
- 깨지기 쉬운 용기는 좁게 운반하지 말고 또한 밑을 받혀준다. 먼 곳으로 용기를 운반할 때에는 양동이, 바구니 혹은 나무상자로 안전하게 하여야 한다.
- 일반적으로 실험실 약품은 서늘하고 건조한 상태에서 보관한다. 많은 양의 위험한 물질은 실험실에 보관하면 안 되고 규정에 따라 건축된 약품 보관소에 저장해야 한다.
- 운반용 캐리어, 바스켓 또는 운반 용기에 놓고 운반한다.
- 엘리베이터나 복도에서 운반시 용기가 개봉되어 있어서는 안된다.
- 약품명 등의 라벨을 부착한다.
- 직사광선을 피하고 다른 물질과 섞이지 않도록 하며 화기, 열원으로부터 격리한다.
- 위험한 약품의 분실, 도난 시는 사고의 우려가 있으므로 연구실책임자 및 연구실안전관리담당자에게 보고한다.
- MSDS를 통해 해당 물질에 대한 위험성 및 기본정보를 숙지하고 있어야 한다.
- 사용한 물질의 성상, 특히 화재, 폭발 중독의 위험성을 잘 조사 연구한 후가 아니면 위험 한 물질을 취급해서는 안된다.
- 유해물질을 사용할 때는 가능한 한 소량을 사용하고, 또한 미지의 물질에 대해서는 예비 시험을 할 필요가 있다.
- 화재폭발의 위험이 있는 실험의 경우, 폭발방지용 방호벽 등 특별한 방호설비를 갖추고 실험에 임하여야 한다.
- 유해물질의 폐기물의 처리는 수질오염, 대기 오염을 일으키지 않도록 주의하여야 한다.

1.3.2 화학물질 유출 처리함

유출물 처리함(spill kit) 이란 감염성질환을 일으키는 병원체 등의 감염성물질이나 인체에 유해한 화학물질이 누출되었을 때 보다 빠르게 대처할 수 있도록 필요한 물품들을 모아놓은 kit이다.

감염성질환을 일으키는 병원체에 노출되어 실험실 획득 감염으로 인한 환자가 계속 증가하고 있다. 따라서 실험실에서 취급하는 화학물질과 병원체를 고려한 유출사고 시 응급조치와 유출 처리함을 마련하여야 한다.

유출 처리함은 취급물질에 따라 화학물질용, 생물학적용, 범용, 오일용으로 구분하여 사용할 수 있다.

유출 처리함은 〈그림 1-7〉과 같이 범용과 화학물질용으로 범용은 감염성물질이 누출되었을 경우 사용을 하며 대량의 유해물질에 대해서는 화학물질용 유출 처리함을 사용하도록 권한다.

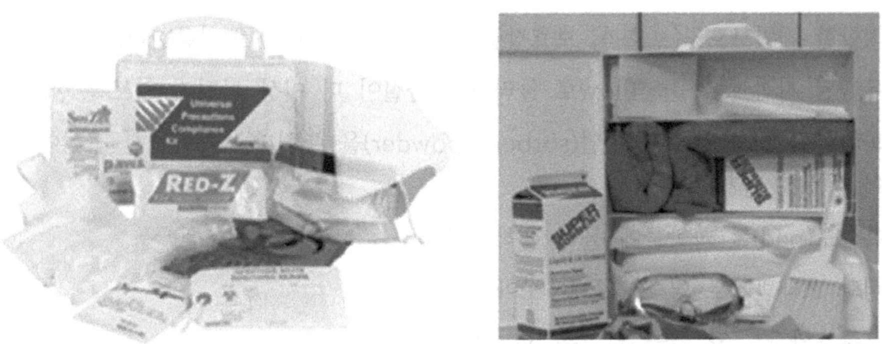

〈그림 1-7〉 유출 처리함.

(1) 감염성물질 등이 유출된 경우

- 감염성질환을 일으키는 병원체나 인체에 유해한 혈액, 배양액 등이 유출되었을 경우 universal kit를 사용한다.
- 종이타월이나 소독제가 포함된 흡수물질 등으로 유출물을 천천히 덮은 후 사고 사실을 알려 유해물질 유출장소로 다른 연구자의 접근을 제한한다. (필요시 chemical spill kit의 구성 중 pillow를 사용하여 더 이상 퍼지지 않도록 유출된 지점 주위를 둘러준다.)
- 에어로졸이 가라앉도록 20분 정도 방치한 후, 개인보호구 (보안면, 보호장갑, 앞치마, 호흡보호구)를 착용하고 사고지역으로 돌아간다. (호흡보호구는 제공되지 않음)

- Red-Z를 유출장소에 뿌린다. (유해물질을 겔 형태로 만든다)
- 겔 형태로 굳은 유해물질 및 유출장소에 소독액을 뿌리고 20분 이상 그대로 둔다.
- 종이타월 및 유해물질은 scoop와 scraper를 사용하여 biohazard waste bag에 쓸어 담는다.
- 유출장소에 disinfectant solution으로 소독하고 towel로 닦는다.
- 청소가 끝난 후 처리작업에 사용한 기구 및 종이타월과 오염된 보호구는 biohazard waste bag에 넣어 멸균하여 의료폐기물로 처리하여 배출한다.
- antimicrobial hand wipe로 손을 닦은 후 비누와 흐르는 물로 깨끗이 씻는다.

(2) 화학물질이 유출된 경우

- 오일, 산성, 부식성, 유기용제, 독성의 화학물질이 유출되었을 경우 chemical kit를 사용한다.
- 사고사실을 알려 화학물질 유출장소로 다른 연구자의 접근을 제한한다.
- 적합한 개인보호구(보호복, 보호장갑, 고글, 호흡보호구)를 착용한다.
- 유출된 지점 주위를 pillow로 둘러 화학물질이 더 이상 퍼지지 않도록 한다.
- 화학물질 위로 흡수제 분말(sorbent powder)을 뿌린다. (화학물질 잔여에 의한 막이 생기지 않게 한다.)
- 흡수포(pad)를 화학물에 올려 흡착시킨다.
- 비와 쓰레받기로 병 조각들을 모아 거둔다.
- 흡수포와 병 조각들을 일회용 bag에 담아 배출한다.

(3) 유해물질의 안전조치

① 독성

- 실험자는 자신이 사용하거나 타 실험자가 사용하는 물질의 독성에 대하여 알고 있어야 한다.
- 독성물질을 취급할 때는 체내에 들어가는 것을 막는 조치를 취해야 한다.
- 밀폐된 지역에서 많은 양을 사용해서는 안되며 항상 부스내에서만 사용한다.

② 산과 염기물

- 항상 물에 산을 가하면서 희석하여야 하며, 반대의 방법은 금지한다.

- 희석된 산, 염기를 쓰도록 한다.
- 강산과 강염기는 공기 중 수분과 반응하여 치명적 증기를 생성시키므로 사용하지 않을 때에는 뚜껑을 닫아 놓는다.
- 산이나 염기가 눈이나 피부에 묻었을 때 즉시 세안장치 및 샤워장치로 씻어내고 도움을 요청하도록 한다.
- 불화수소는 가스 및 용액이 맹독성을 나타내며 화상과 같은 즉각적인 증상이 없이 피부에 흡수되므로 취급에 주의를 요한다.
- 과염소산은 강산의 특성을 띠며 유기화합물 및 무기화합물과 반응하여 폭발할 수 있으며, 가열, 화기와 접촉, 충격, 마찰에 의해 스스로 폭발하므로 특히 주의해야 한다.

③ 산화제

- 강산화제는 매우 적은 양으로 강렬한 폭발을 일으킬 수 있으므로 방호복, 고무장갑, 보안경 및 보안면 같은 보호구를 착용하고 취급하여야 한다.
- 많은 산화제를 사용하고자 할 경우 폭발방지용 방호벽 등이 포함된 특별계획을 수립해야 한다.

④ 금속분말

- 초미세한 금속분진들은 폐, 호흡기 질환 등을 일으킬 수 있으므로 미세분말 취급시 방진마스크 등 올바른 호흡기 보호대책이 강구되어야 한다.
- 실험실 오염을 방지하기 위해 가능한 한 부스나 후드 아래에서 분말을 취급한다.
- 많은 미세 분말들은 자연발화성이며 공기에 노출되었을 때 폭발할 수 있으므로 특별히 주의 하여야 한다.

⑤ 석면섬유와 유사결정들은 피부에 묻지 않고 흡입하지 않도록 조심스럽게 다뤄야 한다.

1.3.3 화학물질 안전관리

(1) 화학약품의 경고 그림문자

사업장에서 취급하는 화학물질의 포장 및 용기 등에 부착된 경고표지와 물질안전보건자료(MSDS, Material Safety Data Sheets)에서 제공하는 정보를 쉽게 이해하고 이를 통해 화학물질을 안전하게 관리함으로써 화재·폭발 등의 사고를 예방하는데 필요한 사항을 제시하고자 KOSHA 가이드(한국산업안전보건공단, P-51-2023)에 「경고표지를 이용한 화학물질 관리에 관한 기술지침」을 제시하고 있다.

- "경고표지"라 함은 화학물질 등의 용기 및 포장에 붙이거나 인쇄하는 표지를 말한다.
- "화학물질 등"이라 함은 원소 및 원소간의 화학반응에 의하여 생성된 화학물질 단위와, 화학물질의 주성분에 부형제, 용제, 안정제 등을 첨가하여 제조한 화학물질을 함유한 제제 모두를 말한다.
- "혼합물"이라 함은 화학적으로 반응하지 않는 두 가지 이상의 화학물질이 섞여있는 물질을 말한다.
- "용기"라 함은 고체, 액체 또는 기체의 화학물질 등을 함유한 제제를 직접 담은 강제, 합금강제, 플라스틱, 유리, 비닐포대, 종이포대 등으로 된 것을 말한다. 다만, 레미콘 컨테이너는 제외한다.
- "포장"이라 함은 화학물질 등이 담긴 용기를 담은 것을 말한다.
- "그림문자"라 함은 화학물질의 분류에 따라 유해·위험의 내용을 나타내는 것으로 〈부록 1〉에 있는 것을 말한다.
- "신호어"라 함은 유해·위험의 심각성 정도에 따라 기재되는 '위험' 혹은 '경고'라는 문구를 말한다.
- "유해·위험문구"라 함은 화학물질의 분류에 따라 유해·위험의 내용을 나타내는 문구를 말한다.
- "예방조치 문구"라 함은 화학물질 노출 또는 부적절한 저장 및 취급 등으로 인한 유해·위험을 방지하기 위하여 예방, 대응, 저장 및 폐기에 관한 주요 유의사항을 나타내는 문구를 말한다.

그림문자 경고내용		

인화성 물반응성 자기반응성 자연발화성 자기발열성 유기과산화물	폭발성 자기반응성 유기과산화물	산화성

수생환경 유해성	고압가스	급성독성

금속 부식성 물질 피부부식성 심한 눈 손상성	호흡기과민성 발암성 생식세포변이원성 생식독성 특정표적장기독성 흡인유해성	경고

〈그림 1-8〉 화학물질 경고표시(그림문자 및 위험성 분류).

(2) 화학약품 취급시 주의사항

〈그림 1-9〉 화학실험실 안전.
출처 : 교육시설재난공제회, 2008, 「그림으로 보는 연구실 안전」.

① 화학약품을 이용한 실험은 흄후드 안에서 실시하고, 매월 1회 이상 후드의 작동상태를 점검한다.

- 실험 중 배기후드의 문은 최소(1/3이하)로 열려진 상태를 유지하도록 한다.
- 유기/무기물질은 시약장에 분류 보관하고 증기를 흡기할 수 있는 닥트시설이 연결되어야 한다.

② 각종 화학약품을 이용한 가열, 냉각, 가압, 감압, 혼합 등의 반응을 통한 실험시 치명적 오염물질이 발생되므로 환기를 수시로 실시하여 연구실 내 공기를 깨끗한 상태로 유지한다.

③ 시약병의 파손에 의한 상해 위험을 방지하기 위해 시약보관대에 가이드바를 설치한다.

④ 화학약품은 성상별(금수성, 부식성, 독성ㄷ 등)로 분류하여 약품 전용 시약장에 보관한다.

⑤ 유독성 약품은 별도의 보관함에 잠금장치를 하여 보관한다.

⑥ 폐액은 별도의 폐액용기에 보관하여 성상별(폐산, 폐알카리, 폐유기용제, 폐유 등)로 분리 배출하고, 폐액용기에는 폐액명, 실험실명, 비상시 연락처, 주의사항 등을 기재한 라벨을 부착한다.

- 폐액용기는 마개를 꼭 닫아 유출이나 악취가 발생하지 않도록 하고, 통풍이 양호한 그늘진 곳에 최소한으로 보관한다.

⑦ 직접 조제한 시약병에는 제조일자, 제조자성명, 약품명, 주의사항 등을 기록부착하고 완전히 밀봉하여 보관한다.

⑧ 화학약품에 대한 물질안전보건자료를 비치하고 특성 및 주의사항에 대한 교육을 실시한다.

※ 불산이 피부에 접촉되었을 때, 대응방법은?

(흐르는 물에 15분 이상 씻어낸 후 불산중화연고를 사용)

※ 화학물질관리법에서 유해화학물질이란?

(유독물질, 허가물질, 제한물질 또는 금지물질, 사고대비물질 그밖에 유해성 또는 위해성이 있거나 그러할 우려가 있는 화학물질)

※ 유해화학물질 취급시설을 설치·운영하는 자는 (주 1회) 이상 점검을 실시해야 한다.

※ 후드(Hood)내에서 화학물질을 취급할 때에는 최소 15 cm 이상 안쪽에 화학물질을 두어 사용해야 한다. (O, X)

※ 연구실에서 연구활동종사자의 인적 오류로 인해 발생하는 사고를 예방하기 위해 무엇을 해야 하는가?

(안전교육을 정기적으로 실시)

※ 화학물질을 수입하려는 자는 화학물질관리법에 따라 화학물질 확인자료를

(한국화학물질관리협회)에 제출해야 한다.

※ MSDS의 작성 및 제공은 누가 하는가?

(화학물질을 양도 또는 제공하는 자)

※ 고열에 의해 고체상 증기가 발생 후 공기중에서 빠르게 산화하여 응축된 미세한 고체입자를 칭하는 말로, 용접 시 발생하기 쉬운 유해물질을 무엇이라 하는가? (흄)

※ (벤젠)은 조혈장기인 골수에 직접 작용하여 조혈기능 장해를 일으키는 대표적인 물질이다. 초기에는 빈혈증이 나타나다가 지속적으로 노출되면 혈소판, 백혈구 감소가 나타나며 백혈병으로 이어져 재생불능성 빈혈이 되어 사망할 수 있다.

※ 관리대상 유해물질을 제조 및 취급하는 근로자는 정기교육과는 별도로 (16시간 이상)의 특별안전보건교육을 받아야 하며, 최초 작업 투입 전 (4시간)을 교육하고 나머지 (12시간)은 최초 교육날로부터 (3개월 이내)에 실시할 수 있다.

※ 관리대상 유해물질을 개별 저장용기에 저장할 경우 용기의 크기는 (20리터 이하)로 제한해야 한다.

1.4 전기 안전

화학실험실에 널리 보급된 전기장치 이용 시 관계되는 위험 원인에 대하여 많은 주위를 해야 한다. 전류가 흐르는 장비에 사람의 몸이 접촉되었을 때 심한 화상을 입을 수 있다. 뿐만 아니라 심장 박동이 충격을 받아 리듬을 잃을 수 있다. 인체에 해를 끼친 정도는 인체에 통한 전기량이 결정적인 요인이다. 그래서 50 V 이하의 전위에서도 전기를 통하는 바닥이나 손에 물기가 있으면 그 상황에서도 센 전류가 생기기 때문에 위험해 질 수 있다.

사람 신체의 평균 전기저항은 약 5,000 Ω 이다. 예로 손과 발에 220 V 의 전위상태에서 접촉될 때 약 170 mA 의 전류가 흐른다. 몇 초 이내에 사망을 야기할 수 있다. 이것은 교류(AC)에 해당된다. 직류의 경우에 있어서는 비교적 작은 전위가 신체상에서 전해작용이 일어나기 때문에 생명에 치명적일 수 있어 특별히 주의해야만 한다.

1.4.1 전기 작업 시 준수해야 할 규칙

- 50 V 이상의 전위를 가지는 모든 장치는 다량의 전류가 흐르는 것으로 설비 및 보수 시 국가 검정 자격을 갖춘 전문가들이 설치 및 보수를 하여야 한다.
- 소켓, 플러그, 전선 그리고 장비는 사용 전 절연검사를 하여야 한다.
- 각각의 장소에 공급된 전기는 쉽게 접근할 수 있는 곳에 위치한 전원스위치를 통해서 쉽게 차단 될 수 있어야 한다.
- 모든 장치들은 퓨즈를 가진 접지된 것이어야 한다. 또한 이들은 때때로 검사를 받아야 한다.

1.4.2 전기안전 작업대책

(1) 감전방지대책

- 전기 기기 및 배선 등의 모든 충전부는 노출시키지 않는다.
- 전기 기기는 이중 절연기기를 제외하고는 접지를 확인한다.
- 누전차단기를 설치하여 감전사고를 방지한다.
- 전기 기기의 스위치 조작은 아무나 함부로 하지 않도록 한다.
- 젖은 손으로 전기 기기를 만지지 않는다.

- 불량하거나 고장난 전기제품은 사용하지 않도록 한다.
- 배선용 전선은 중간에 연결한 부분이 있는 것을 사용하지 않는다.
- 이동식 코드릴을 사용할 경우에는 접지 및 누전차단기가 부착된 코드릴을 사용한다.

(2) 일반적인 작업대책

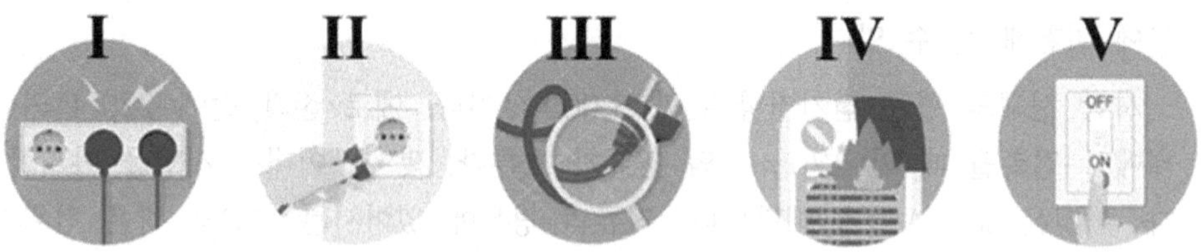

〈그림 1-10〉 일반적인 전기안전.

- · I : 문어발식의 다중 콘센트는 가능한 사용하지 않도록 한다.
- · II : 안쓰는 플러그는 뽑아둔다.
- · III : 전선 피복을 확인한다.
- · IV : 이동용 전열기기는 주변을 확인하고 사용한다.
- · V : 누전차단기는 매월 1회 작동여부를 점검한다.

- 장비검사 전에는 회로의 스위치 또는 플러그를 뽑아서 전원을 끈다.
- 전기설비 작업시 공구나 비품의 손잡이는 부도체로 된 것을 사용한다.
- 전기장치의 충전부는 전기적 절연을 한다.
- 전원에 연결된 회로배선은 임의로 변경하지 않는다.
- 작업공간은 충분히 확보하고 항상 청결하게 유지한다.
- 플러그를 전원에 연결한 채 회로변경 작업을 하지 않는다.
- 회로가 확실하게 연결되어 있지 않으면 플러그를 꽂지 않는다.
- 젖은 손이나 물건으로 회로에 접촉하면 안된다.
- 전기설비에 연결된 접지선의 접속을 확인한다.
- 연결 코드선은 가능한 한 짧게 사용한다.
- 전기설비 근처에서는 인화성 액체 등을 사용, 저장, 취급하지 않는다.
- 배전반의 진입로와 스위치 앞에는 장애물이 없도록 하고 청결하게 유지해야 한다.

(3) 전기용품 취급시 주의사항

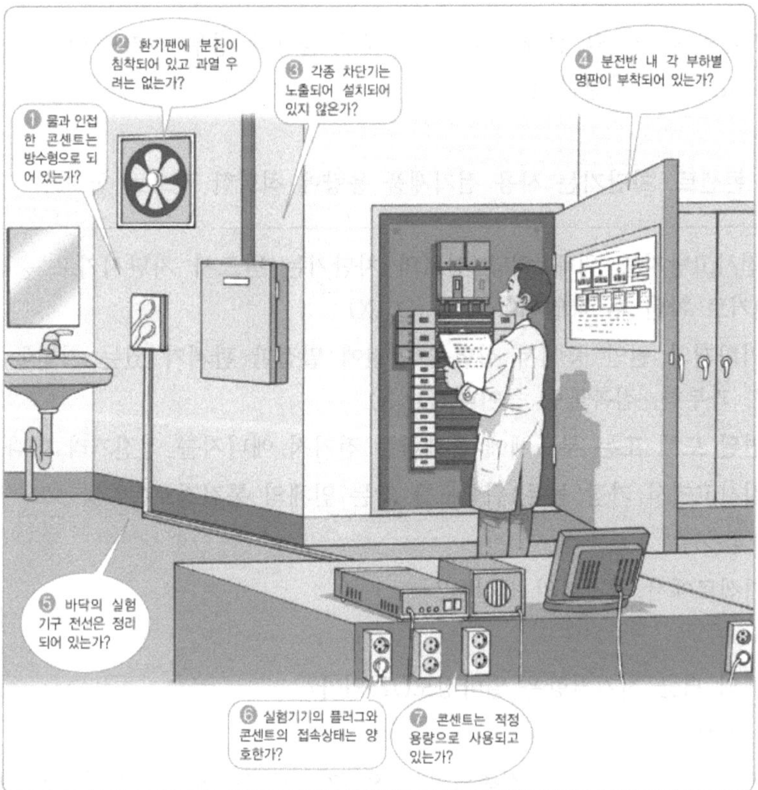

〈그림 1-11〉 실험실 전기안전.

① 물을 사용하는 실험기자재는 주변의 콘센트를 방수형으로 하여 물로 인한 전기사고를 예방한다.

② 환기팬에 분진이 침착되었을 경우 화재가 발생할 우려가 있으므로 환기팬을 정기적으로 청소한다.

③ 차단기의 충전부(전기가 통하는 부분)를 노출 설치하면 감전사고의 위험과 먼지, 습기로 인한 전기사고 위험이 있으므로 차단기는 별도 박스 내부에 설치하도록 한다.

④ 분전반 내 각 분기회로별 명판을 부착하고 사용 부하명(전등, 전열, OO기기 등)을 기입하여 비상시(누전, 감전 등) 해당 회로를 신속히 차단할 수 있도록 한다.

⑤ 바닥에 전선을 설치할 대에는 보행자 또는 기계이동에 따라 피복이 손상되지 않도

록 전선관 등을 이용하여 설치한다.

⑥ 실험기기의 플러그와 콘센트의 접속상태가 불량할 경우 전기저항이 증가하여 화재 위험이 있으므로 확실히 접속한다.

⑦ 전선, 콘센트, 차단기는 사용 전기제품 용량에 적합한 것으로 한다.

※ 감전사고방지를 위해 해당 전로의 차단기는 반드시 차단시키고 충전여부를 검전기로 확인 후 작업해야 한다.(O, X)
※ 전기화재의 원인 중에서 실험실 안전에 밀접한 관계가 있는 기인물은 단락, 누전, 과부하, 접촉불량 등이다.(O, X)
※ 절연된 도체 또는 부도체에 존재하는 전기적 에너지를 정전기라 한다.(O, X)
※ 감전사고에서 가장 높은 위험도를 갖는 인체의 통전경로는?
(왼손-가슴)
※ 전기선로에서 접지선의 색상은?
(녹색)
※ 인체의 평균 전기저항은 얼마정도(Ω)인가?
(5,000Ω)
※ 양전기, 음전기가 서로 접촉되어 과전류가 흐르는 현상을 무엇이라 하는가?
(합선)

1.5 응급조치

응급조치에서 중요한 점은 어떤 상황에서라도 실제적인 응급조치는 꼭 필요하며 비전문가에 의해서 의료처치가 대신 이뤄지는 것이 아니라 의사의 전문적인 진료의 전단계인 비상상태이다.

1.5.1 응급조치를 위해 실험실에서 갖추어야할 장비

- 응급치료에 대한 챠트(wall chart)

- 비상사태 시 의사나 병원의 전화번호, 주소
- 응급 치료용 상자 (구급상자)
- 눈 세척병 등

1.5.2 상황별 응급조치 내용

① 심한 출혈

- 심한 출혈은 상처부위를 패드나 천으로 눌러서 지혈시킨다.
- 위급할 때는 의류를 잘라 사용토록 한다.
- 충격을 피하기 위해서 상처부위를 감싸고 즉시 응급요원을 부르도록 한다.
- 피가 흐르는 부위는 신체의 다른 부분보다 높게 하여 계속 누르고 있도록 한다.
- 환자는 편안하게 누이도록 한다.
- 지혈대는 쓰지 않도록 한다.

② 화상

화상을 입은 부분을 찬물로 씻으면서 15분 정도 유지한다. 화상을 입은 부분은 계속해서 무균의 상태를 유지하고 가능한 한 얼굴부위를 제외한 다른 화상을 입은 부분을 붕대로 감싸준다.

- 경미한 화상은 얼음이나 생수로 화상부위를 식힌다.
- 부식액에 의한 화상 : 화상을 입은 부분들은 철저히 물로 씻어준다.
- 브롬에 의한 화상 : 파라핀 오일이나 에탄올로 씻는다.
- 불화수소산에 의한 화상 : 2% 암모니아 용액이나 묽은 중탄산나트륨용액으로 씻는다.
- 요오드에 의한 화상 : 1% 티오황산나트륨용액으로 씻는다.
- 벤 상처 : 화상으로 인한 상처 부위는 만지거나 닦지 말고 무균의(살균된) 물질(plaster, bandage)로 감싸준다.

③ 유해물질에 의한 화상

- 눈 화상 : 유해물질이 눈에 들어갔을 경우 눈을 양손으로 넓게 벌려 15 분 이상 세안장치를 이용하여 깨끗이 씻고 즉각 도움을 청한다. 씻는 동안 눈방울을 사방으로 돌려야 한다.
- 유해물질이 묻거나 화상을 입었을 경우 즉각 물로 씻는다.

- 유해물질에 의하여 오염된 모든 의류는 제거하고 접촉부위는 물로 씻어낸다.
- 몸에 유해물질이 묻었을 경우 15 분 이상 샤워장치를 이용하여 씻어내고, 전문의의 진료를 받는다.
- 위급한 경우 즉시 구급차를 부르고 샤워장치를 이용하여 씻어낸다.
- 유해물질이 몸에 엎질러진 경우 오염된 옷을 빨리 벗는다.
- 보안경에 유해물질이 묻은 경우 시약이 묻은 부분은 완전히 세척하고 사용한다.

④ 중독

독극물에 의한 경우에 있어서 만약 의식이 있다면 구토를 시키거나 정제로 된 활성 탄소를 먹이는 것도 가능하고 남은 독극물이나 토해낸 물질은 검사를 위해서 가능한 보관해야 한다. 환자를 눕힌다.

⑤ 외상

외상 쇼크의 경우 재해의 성격이 분명하지 않다면 환자를 따뜻하게 하고 편안하게 눕힌 뒤 병원으로 이송시킨다.

1.6 실험실의 폐기물 처리

① 수집 운반상의 일반적 주의

- 화학폐기물 수집 용기는 운반 및 용량 측정이 용이한 프라스틱 용기를 사용하여야 한다.
- 수집용기 외부에는 부서명과 호실, 전화번호, 품명, 특성 및 주의사항 등을 기록한 특정 폐기물 표지를 부착한다.
- 유해물질의 폐기물을 수집할 때는 폐산, 폐알카리, 폐유기용제(할로겐족, 비할로겐족) 폐유 등 종류별로 구분하여 수집하여야 한다.
- 수집한 유해물질의 폐기물 용기는 직사광선을 피하고 통풍이 잘되는 곳을 폐기물 보관 장소로 지정하여 보관하여야 하며 복도, 계단 등에 방치하여서는 안 된다.
- 유해물질의 폐기물 취급 및 보관 장소에는 금연, 화기취급엄금 표지와 폐기물 보관 수칙을 부착한다.
- 빈 시약병은 깨어지지 않도록 기존 상자에 넣어 폐기물 보관 장소에 보관한다.
- 수집·보관된 유해물질 폐기물 용기는 폐액의 유출이나 악취가 발생되지 않도록 2중

마개로 닫는 등 필요한 조치를 하여야 한다.

- 수집된 폐기물을 운반할 때는 손수레와 같은 안전한 운반구 등을 이용하여 운반한다.
- 방사성 물질을 함유한 폐기물은 별도 수집하며, 정해진 처리규정에 따라 누설되지 않도록 엄중히 처리해야 한다.

② 감염성 여부에 따른 구분

- 감염성 폐기물과 지정 폐기물을 구분하여 수거한다.
- 감염성 폐기물 외의 지정 폐기물은 아래 폐수 및 폐기물 처리 수칙을 따른다.

③ 일반적 처리기준

- 폐액에 의하여 처리중 유독가스의 발생, 발열, 폭발 등의 위험을 충분히 조사하고, 첨가하는 약재를 소량씩 넣는 등 주의하면서 처리해야 한다.
- 악취가 나는 폐액, 유독가스를 발생하는 폐액 및 인화성이 강한 폐액은 누설되지 않도록 적당한 처리를 강구하여 조기에 처리한다.
- 폭발성 물질을 함유하는 폐액은 보다 신중하게 취급하고 조기 처리한다.
- 간단한 제거제로는 처리가 어려운 폐액은 적당한 처리를 강구하고, 처리되지 않은 상태로 방출되는 일이 없도록 주의한다.
- 처리 후에도 폐수가 유해한 경우에는 추가로 후처리 할 필요가 있다.
- 유해물질이 부착된 거름종이, 약봉지, 폐 활성탄 등은 적절한 처리를 한 후에 보관한다.

④ 폐수처리 시 유의사항

- 폐수를 일반하수 싱크대에 무단 방류해서는 안된다.
- 폐수 보관 용기는 성분별 구분이 되도록 이름을 명기하고 수거일과 폐기일, 부서명을 기입한다.
- 폐수 집수조에 유리병 등 이물질을 투여해서는 안된다.
- 폭발성 및 인화성이 있는 시약류를 집수조에 투여해서는 안된다.
- 시약을 취급한 기구나 용기 등을 세척한 세척수도 폐수 집수조에 버린다.
- 폐수 집수조는 저장량을 주기적으로 확인하여 폐수 집하장에 보내, 수탁처리업체에 위탁 처리되도록 한다.

⑤ 폐기물 처리의 기본요령

- 실험이 종료되면 폐기물을 반드시 처리하여 방치되는 일이 없도록 한다.
- 폐시약 원액은 탱크 자체의 변형 우려가 있으므로 집수조에 버리지 않고 별도 보관하여 처리하며, 시약의 성분별(폐유기 용매, 폐산, 폐알칼리)로 분류하여 관리한다.
- 운반이 용이토록 적절한 용기에 담아 보관 장소에 보관한다.
- 재활용 가능 품목은 분리하여 배출한다.
- 품목별 보관 용기에 일반 쓰레기를 투여하지 않는다.
- 시약병은 잔액을 완전히 제거하고, 내부를 세척 및 건조한다.

⑥ 독성폐기물 처리의 기본요령

사람에게 위험한 독성 폐기물을 철저히 제거하기 위하여 다음과 같은 방법으로 수집한다.

- 폐기물질 처리는 경험이 있는 사람이나 전문단체에 의해 처리되어야만 한다.
- 어떠한 상황에서도 시안화 화합물들은 일반 배수구를 통하여 세척하거나 버려서는 안 된다. 예로 철염과 함께 반응을 시켜야 한다.
- 폐기물들은 독성이나 가연성 가스를 생성할 수 있으며 또한 물과 반응하는(나트륨, 칼륨, 탄화칼슘, 인) 것은 다음 폐기를 위해서 내화성 용기에 수집한다.
- 가연성 액체들은 어떤 상황에서도 배수구에 버리지 말고 수집해야 하며 염소가 치환된 탄화수소는 분리수집 되어야 한다.
- 중금속을 포함하는 용액들은 배수구로 직접 버려서는 안 되며 분말로 된 산화마그네슘과 대리석의 비가 1:1인 혼합물로 걸러서 실험실에서 처리해야 한다.
- 산과 알칼리 물질들은 공장에서 대형으로 중화시키거나 혹은 적절한 용기에서 작은 양을 중화시킨다. 이 과정은 pH-시험지 혹은 pH-미터로 중화상태를 검사할 수 있다.

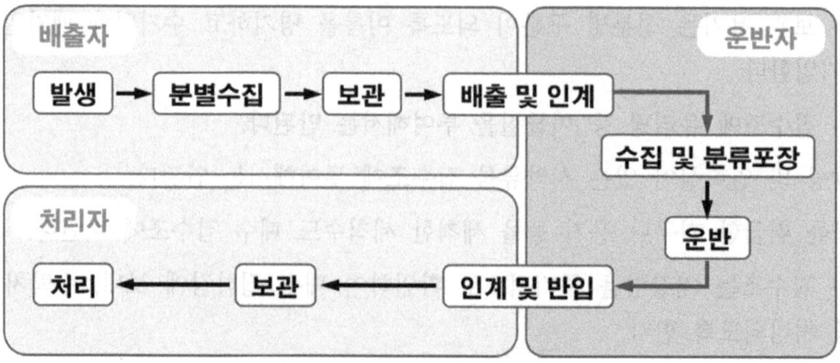

〈그림 1-12〉 화학실험실 폐기물 처리절차.

※ 찾아볼까요?

2장

기본단위(Unit)

2.1 SI Units

인간이 사고(思考)를 하면서 첫 번째 측정은 아마도 신체를 기준으로 했을 것이다(예를들어, 발의 길이) 시간이 지나면서 고정된 기준(표준)으로 발전했지만 장소마다 달랐을 것이다. 각 나라 혹은 정부(그리고 개별 무역)는 자체적인 단위를 채택했을 것이다. 17세기와 18세기에 과학이 양적으로 발전하면서 과학자들은 표준단위의 부족이 문제라는 것을 인식하였다. 그들은 간단하고 국제적인 측정 시스템을 찾기 시작하였다. 1971년 프랑스 과학 아카데미의 연구위원회가 이러한 시스템을 고안했다. 미터법(Metric system)이라고 불리는 이 시스템은 프랑스의 공식 측정 시스템이 되었고, 곧 전 세계 과학자들에 의해 사용되었다. 대부분의 국가들은 그 이후로 미터법을 채택했거나 적어도 미터법으로 변경하기 위한 일정을 설정하였다.

2.1.1 SI 기본단위 및 접두사

1960년에 열린 제11차 국제 도량형 총회에서는 국제단위계(또는 프랑스어 'Système International d'Unité'의 이름을 딴 SI)를 채택하였다.

국제단위계(SI)의 기본단위는 7개가 있으며, 이들 기본단위를 조합하여 유도단위를 구성할 수 있다.

[표 2.1] SI 기본단위

Quantity	Unit	Symbol
Length(길이)	meter(미터)	m
Mass(질량)	kilogram(킬로그램)	kg
Time(시간)	second(초)	s
Temperature(온도)	kelvin(켈빈)	K
Amount of substance(물질의 양)	mole(몰)	mol
Electric current(전류)	ampere(암페어)	A
Luminous inensity(광도)	candela(칸델라)	cd

- 미터 : 1미터는 빛이 진공에서 1/299,792,458초 동안 진행한 경로의 길이이다.
- 킬로그램 : 1킬로그램은 질량의 단위이며 플랑크 상수 h가 정확히 $6.62607015\times10^{-34}J\cdot s(J=kg\cdot m^2\cdot s^{-2})$이 되도록 하는 값이다.
- 초 : 1초는 온도가 0 K인 세슘-133 원자의 바닥 상태에 있는 두 초미세 준위 사이의 전이에 대응하는 복사선의 9,192,631,770주기의 지속 시간이다.
- 켈빈 : 열역학적 온도의 단위는 켈빈(Kelvin)이며, K로 표시한다. 켈빈은 볼츠만 상수 k가 $1.380649\times10^{-23}J\cdot K^{-1}$이 되도록 한다.
- 몰 : 1몰은 단위 물질의 양이 아보가드로 수(6.02214076×10^{23})인 것으로 정의되었다.
- 암페어 : 1암페어는 1초 동안 $1/1.602\ 176\ 634\times10^{-19}$만큼의 기본 전하 e가 흐르는 것이다.
- 칸델라 : 1 칸델라는 진동수 540×10^{12}헤르츠인 단색광을 방출하는 광원의 복사도가 어떤 주어진 방향으로 스테라디안당 1/683와트일 때 이 방향에 대한 광도이다. (스테라디안, sr : 반지름이 r인 둥근 구의 표면에서 r^2인 면적에 해당하는 입체각이다. 구 전체의 입체각은 4π sr)

국제단위계에서 각 단위의 양의 크기를 쉽게 나타내기 위해 각 단위의 앞에 붙여 쓰는 접두어가 있다. SI접두어는 각각 10의 거듭제곱(10^n or 10^{-n})의 크기(인자)의 뜻으로 정의되어 있다. 원래 16가지였으나, 1991년 프랑스 파리에서 열린 국제도량형 총회에서 4가지를 추가형 총 20가지의 접두어를 결의하였다. 기본단위보다 더 크거나 작은 단위는 접두어를 사용하여 표현한다.

요타(10^{24}), 제타(10^{21}), 엑사(10^{18}), 페타(10^{15}), 테라(10^{12}), 기가(10^9), 메가(10^6), 킬로(10^3), 헥토(10^2), 데카(10^1), 데시(10^{-1}), 센티(10^{-2}), 밀리(10^{-3}), 마이크로(10^{-6}), 나노(10^{-9}), 피코(10^{-12}), 펨토(10^{-15}), 아토(10^{-18}), 젭토(10^{-21}), 욕토(10^{-24})

[표 2.2] SI 접두사

Prefix	Multiple	Symbol
tera	10^{12}	T
giga	10^{9}	G
mega	10^{6}	M
kilo	10^{3}	k
deci	10^{-1}	d
centi	10^{-2}	c
milli	10^{-3}	m
micro	10^{-6}	μ^{*}
nano	10^{-9}	n
pico	10^{-12}	p

* μ : 그리스 문자 mu(뮤)로 발음한다.

① 길이(Length)

길이에 대한 SI 단위 및 미터법의 단위는 미터(meter, m)이다. 미터는 빛이 진공에서 1/299,792,458초 동안 진행한 거리로 정의된다. 물체의 한 끝에서 다른 끝까지의 공간적 거리를 나타낸다.

$$1\,m = 100\,cm = 1000\,mm,\, 1000\,m = 1km$$

② 질량(Mass, m)

질량(mass)은 한 물체가 가지고 있는 고유한 양의 척도이다. 그러므로 물체의 질량은 어느 위치에서도 변함이 없다. 질량의 SI단위는 킬로그램(kilogram, kg)이다. 이미 접두어인 킬로를 가지고 있다. 실험실에서 사용하기 편리한 단위는 그램(g)이다.

질량은 보통 무게를 잼으로써 측정된다. 무게(weight)는 지구 중력에 의해 측정이 되므로 지구 중심으로부터의 거리에 따라 변화되는 값이다. 같은 물체라도 산꼭대기에 있는 물체의 무게가 깊은 골짜기에 있는 무게보다 덜 나간다. 물체의 질량은 위치에 따라 변하지 않으므로 무게보다 더 근본적인 요소이다. 그러나 우리는 물체의 질량을 말할 때 주로 '무게'라고 부르는데 더 익숙하다. 그 이유는 물체의 질량을 측정하는 방법이 무게달기(weighting)이기 때문이다.

$$1\,kg = 1000\,g,\ 1\,ton = 1000\,kg$$

③ 시간(Time)

시간의 간격을 재는 SI기본단위는 초(s)이다. 매우 짧은 시간은 보통 SI 단위에 접두어를 사용하여 밀리초, 마이크로초, 나노초, 피코초 등으로 사용하여 표시한다. 하지만 긴 시간 간격은 분(min), 시(h), 날(d), 년(yr) 등과 같이 전통적인 단위를 사용한다.

$$60\,s = 1\,min,\ 60\,min = 1\,hr,\ 24\,hr = 1\,day,\ 365\,day = 1\,yr$$

④ 온도(Temperature)

온도에 관한 SI 단위는 켈빈(Kelvin, K)이다.

온도(temperature)는 물체의 뜨겁고 찬 정도를 나타내는 물리량이며, 열의 세기를 측정한다. 100℃의 금속조각은 뜨겁게 느껴지지만, 0℃ 얼음조각은 차갑게 느껴진다. 열(heat)은 에너지의 한 형태로 항상 더 뜨거운 물체에서 차가운 물체로 자발적으로 흐른다. 그러나 역으로는 절대로 일어나지 않는다.

온도는 섭씨온도, 화씨온도, 절대온도로 측정하는 3가지 주요 단위체계로 각각의 정의와 사용목적이 다르다.

일반적으로 실험실에서는 익숙한 섭씨(Celsius)온도는 ℃단위를 사용하고, 미국의 일상생활, 공업계, 상업계에서는 화씨(Fahrenheit)온도로 °F단위를 널리 사용하고 있으며, 절대온도는 켈빈온도로 K를 사용한다.

- 섭씨온도(Celsius, ℃) : 물의 어는점을 0℃, 끓는점을 100℃로 정의하며, 이 두 지점을 100 등분하여 구간마다 1℃로 나눈다.
- 화씨온도(Fahrenheit, °F) : 물의 어는점을 32°F, 끓는점을 212°F로 설정하여, 이 두 지점 사이를 180등분한 체계이다.
- 절대온도(Kelvin, K) : 모든 열 운동이 멈추는 이론적 최저 온도를 0 K(절대영도)로 설정한 온도 체계이다. 1K는 섭씨온도의 1℃와 동일한 변화량을 가지며 항상

섭씨온도보다 273.15 단위씩이 크다.

각 온도단위의 상관관계는 다음과 같이 표현할 수 있으며, 온도관계 전환에 매우 필요하다.

$$? K = ℃ + 273.15 \ , \ ? °F = 1.8 ℃ + 32$$

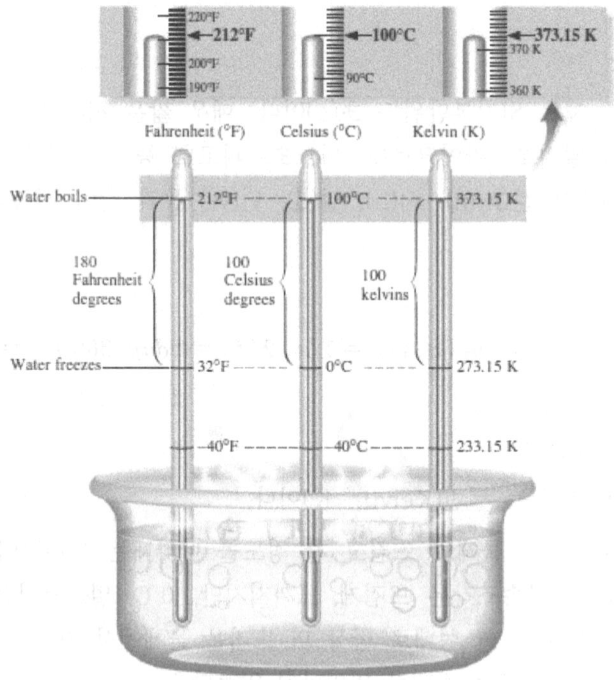

〈그림 2-1〉 온도크기의 비교.

2.1.2 SI 유도단위

국제단위계 기본단위의 곱이나 분수로 조합하여 유도단위를 만들 수 있으며, 밀도(Density), 면적(Area), 부피(Volume), 힘(Force), 압력(Pressure), 속도(Speed), 가속도(Acceleration), 에너지(Energy) 등이 대표적이다.

[표 2.3] 유도단위(Derived Units)

Quantity, Symbol	Definition of Quantity	SI Unit
Area, A	Length squared	m^2
Volume, V	Length cubed	m^3
Density, ρ	Mass per unit volume	kg/m^3
Velocity, v	Distance traveled per unit time	m/s
Acceleration, a	Speed changed per unit time	m/s^2
Force, N	Mass times acceleration of object	$kg \cdot m/s^2$ $(= newton, N)$
Pressure, Pa	Force per unit area $= N/m^2$	$kg/(m \cdot s^2)$ $(= pascal, Pa)$
Energy, J	Force times distance traveled $= N \cdot m$	$kg \cdot m^2/s^2$ $(= joule, J)$
Power, W = radiant flux	Force times unit velocity $= N \cdot m/s$	$kg \cdot m^2/s^3$ $(W = J/s)$

2.1.3 단위환산

단위계는 길이, 질량, 시간을 기본단위로 하는 절대단위계(Absolute unit system)와 질량과 힘을 동시에 기본단위로 하는 공학단위계(Engineering unit system)로 나뉜다. 국제단위계인 SI단위는 절대단위계의 M K S단위계를 주로 사용한다.

절대단위계는 일반과학에서 주로 쓰이며, MKS(미터, 킬로그램, 초), CGS(센티미터, 그램, 초) 및 FPS(피트, 파운드, 초) 단위가 있다.

공학단위계는 미국공학 단위(FPS)와 미터계 단위로 나뉜다. 어떤 단위로 표현된 양을 다른 단위의 해당량으로 바꾸려면 단위환산인자를 곱하여 준다. 물리양의 단위는 다양한데, 길이만 보더라도 미터(m)에 SI접두어가 붙어 파생된 다양한 단위들(mm, cm, m, km 등)이 있는가 하면, 나라에 따라서는 인치(in), 피트(ft)를 표준단위로 지정하는 등 세계적으로 여러 단위가 같이 쓰이고 있는 상황이다. 수학적인 연산을 위해서는 같은 단위로 맞출 필요가 있고, 굳이 연산이 목적이 아니더라도 나라마다 쓰는 국가표준단위에 맞추기 위해 단위를 바꾸어야 할 일은 많다.

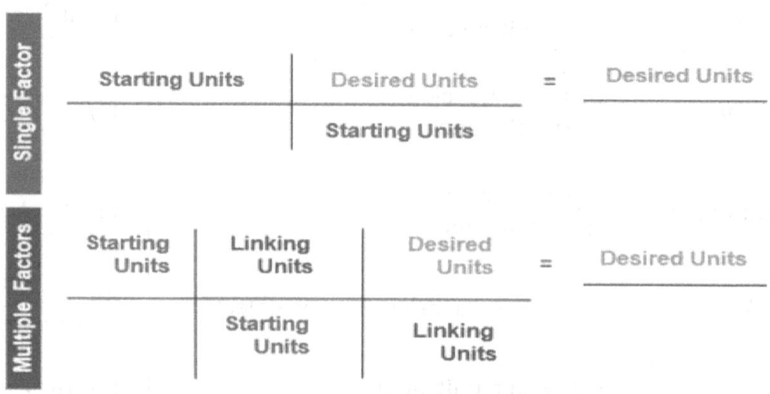

※ 영수는 표준 사용면적이 $26.4\,m^2$인 공기청정기를 자신의 7평 원룸에 설치하려 한다. 공기청정기의 성능이 충분한지 판단하여라.(단, 면적 외 다른 변수는 고려하지 아니한다.)

sol.) $1\text{평} = 3.3\,m^2$ 이므로, 공기청정기의 표준 사용면적을 평 단위로 환산하면 $26.4\,m^2 \times \dfrac{1\text{평}}{3.3\,m^2} = 8.0\,\text{평}$ 이고, 이것은 영수의 원룸 7평보다 크므로 공기청정기의 성능은 충분하다.

[표 2.4] Unit Conversion Factors

<table>
<tr><th>Quantity</th><th>SI</th><th>FPS</th><th>SI vs FPS</th></tr>
<tr><td>Length</td><td>$1m = 10^9 nm = 10^{10}$ Å
$1km = 1000m$</td><td>$1ft = 12in$
$1yd = 3ft$
$1mi = 5280ft$</td><td>$1in = 2.54cm$
$1ft = 30.48cm$
$1mi = 1.609km$</td></tr>
<tr><td>Mass</td><td>$1kg = 1000g$
$1 metric$</td><td>$1lb_m = 16oz$
1</td><td>$1kg = 2.205lb_m$
$1lb = 0.454kg$
$1gal = 3.79L$</td></tr>
<tr><td>Volume</td><td>$1m^3 = 1000L$</td><td>$1ft^3 = 7.48gal$</td><td>$1m^3 = 35.31ft^3$</td></tr>
<tr><td>Force</td><td>$1N = 1kg \cdot m/s^2$
$1dyne = 1g \cdot cm/s^2$
$1N = 10^5 dyne$
$1kg_f = 9.8kg \cdot m/s^2$
$= 9.8N$</td><td>$1lb_f = 32.17lb_m \cdot ft/s^2$</td><td>$1N = 0.225lb_f$
$1lb_f = 4.45N$</td></tr>
<tr><td rowspan="2">Pressure</td><td>$1Pa = 1N/m^2$
$1atm = 1.013 \times 10^5 Pa$
$1bar = 10^5 Pa$
$1atm = 1.013bar$</td><td>$1psi = 1lb_f/in^2$</td><td>$1atm = 14.7psi$</td></tr>
<tr><td colspan="3">$1atm = 1.0332kg_f/cm^2 = 760mmHg = 10332mmH_2O$
$= 101kPa = 1013hPa = 1013mb = 1.0132bar$</td></tr>
<tr><td>Energy</td><td>$1J = 1N \cdot m$
$1erg = 1dyne \cdot cm$
$1J = 10^7 erg$
$1J = 0.39cal$
$1cal = 4.184J$</td><td>$1Btu = 778ft \cdot lb_f$</td><td>$1Btu = 1055J$
$1Btu = 252cal$</td></tr>
</table>

① 밀도(Density)

밀도는 두 물질을 구별하거나 또는 특정 물질을 규명하는데 사용할 수 있는 물질의 고유한 특성이다.

물체의 밀도는 단위부피당 질량으로 식(2.1)과 같이 표현한다.

$$\rho = \frac{m}{V} \qquad \text{식(2.1)}$$

여기서, ρ : 밀도, m : 질량, V : 부피

> ※ 물체의 질량은 $15.0\,g$이고, 부피는 $10.0\,cm^3$이라 가정해서 밀도를 구해보자.
>
> sol.) $\rho = \dfrac{15.0\,g}{10.0\,cm^3} = 1.50\,g/cm^3$
>
> 물질의 밀도는 $1.50\,g/cm^3$ (or $1.50\,g \cdot cm^{-3}$)이 된다.

고체와 액체의 밀도는 g/cm^3나 g/mL로 표시하고, 기체는 g/L로 표시한다.

예를들어, 물(water)은 $1.000\,g/cm^3$, $at\,4℃$ 이고, $0.998\,g/cm^3$, $at\,20℃$ 의 밀도를 가지고 있다.

> ※ 에탄올 $47.3\,mL$는 $37.32\,g$의 질량을 갖는다. 이 에탄올의 밀도는 얼마인가?
>
> sol.) $\rho = \dfrac{37.32\,g}{47.3\,mL} = 0.789\,g/mL$
>
> ※ 또한, 어떤 화학반응에 에탄올 $116\,g$이 필요하면 사용해야할 액체 에탄올의 부피는 얼마인가?
>
> sol.) $\rho = \dfrac{m}{V} \rightarrow V = \dfrac{m}{d}$, $\therefore V = \dfrac{116\,g}{0.789\,g/mL} = 147\,mL$

② 비중(Specific gravity)

비중은 기준물질의 밀도에 대한 측정물질의 밀도의 비로 나타낸다.

$$\rho_s = \frac{d_{substance}}{d_{water}} \qquad 식(2.2)$$

여기서, ρ_s : 비중

$d_{substance}$: 측정물질의 밀도, d_{water} : 물의 밀도

비중은 어떤 물체가 물보다 얼마나 더 무거운가를 알려준다. 기준물질인 물의 밀도(d_{water})는 약 4℃에서 $1.000\,g/mL$로서 가장 큰 값을 갖는다. 물의 밀도는 온도에 따라 변화하지만 25℃까지는 $1.00\,g/mL$를 사용해도 무방할 정도로 아주 조금씩 변화한다.

③ 힘(Force)

Newton의 운동 제2법칙에 따르면, 힘(Force, F)는 질량($mass, m$)과 가속도(a)의 곱으로 정의된다.

$$F = m \cdot a \qquad 식(2.3)$$

여기서, F : 힘(N), m : 질량(kg), a : 가속도(m/s^2)

힘의 표준단위는 $kg \cdot m/s^2$이며, newton이라 부르고 기호는 N으로 나타낸다.

$$1N = 1kg \cdot m/s^2$$

즉, $1N$의 힘은 $1kg$의 질량이 $1\,m/s^2$의 가속도를 가지게 할 때의 힘이다.

중력가속도(g)에 의하여 물체에 작용하게 되는 힘을 무게(weight)라 한다. 힘과 무게는 같은 개념의 유도량으로서 차원(Dimension)이 같다. 식(2.3)에서 가속도(a) 대신에 중력가속도(g)로 표현하면 식(2.4)로 나타낼 수 있다.

$$F = m \cdot a = m \cdot g \qquad 식(2.4)$$

지구의 중력가속도는 지구상의 위치에 따라서 다소 차이가 있으며, 이로부터 같은

질량의 물체라도 위치에 따라 그 무게, 즉 이에 작용하는 힘이 달라질 수 있다. 위도 45°의 해수면에서의 중력가속도를 표준중력가속도로서 정의하며 다음과 같다.

$$g_c = 9.80665\, m/s^2$$

무게와 질량을 구분하기 위해서 kg_f, kg 등으로 구분해서 사용하고 있지만 일상생활에서는 두 량의 값을 구분하지 않아도 사실 별일이 없이 지낼 수 있다. $1kg$의 질량에 표준중력가속도가 작용할 때의 힘을 $1kg_f$라 한다.

$$1kg_f = (1kg) \cdot (9.80665\, m/s^2) \mid \frac{N}{kg \cdot m/s^2} = 9.80665\, N$$

지상에서는 중력가속도의 값이 위치가 달라져도 표준값에서 그렇게 크게 변하지 않기 때문에 무게를 kg_f의 단위로 나타낼 때 kg로 나타낸 질량의 값과 그 수치에 차이가 없는 것이다.

※ 4℃의 물 $2m^3$의 무게를 N, kg_f 및 lb_f의 단위로 구하시오.(단, 중력가속도는 $9.80\, m/s^2$이다.)

sol.) $\rho = m/V$와 $F = m \cdot g$로부터

$$F_1 = m \cdot g = d \cdot V \cdot g$$

$$= \frac{1000\, kg}{m^3} \cdot \frac{2\, m^3}{} \cdot \frac{9.80\, m}{s^2} \mid \frac{N}{kg \cdot m/s^2} = 19600\, N$$

$$F_2 = 19600\, N \cdot \frac{1kg_f}{9.80665\, N} = 1998.64\, kg_f$$

$$F_3 = 1998.64 kg_f \cdot \frac{lb_f}{0.454\, kg_f} = 4402.3\, lb_f$$

④ 압력(Pressure)

압력(pressure, P)은 단위 면적(A, m^2)에 작용하는 힘(F, N)으로 나타낼 수 있으며, 표준단위는 $kg/(m \cdot s^2)$이다. 이것을 Pascal이라 하며, 기호는 Pa로 나타낸다.

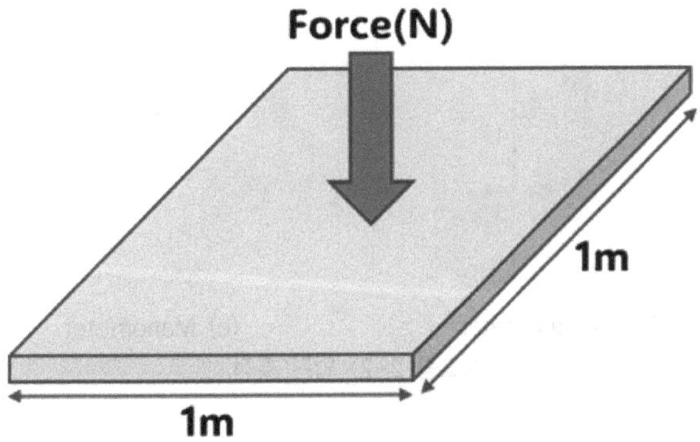

$$P(Pa) = \frac{F(N)}{A(m^2)} \quad \text{식(2.5)}$$

화학자들은 전통적으로 수은기압계를 기반으로 두 가지 다른 압력단위를 사용하였다.

바로미터(Barometer)는 대기압을 측정하는 장치로, 기압계라고도 한다. 기압을 측정하는 장치이다. 수은기압계는 토리첼리(Evangelista Torricelli)의 실험원리를 이용한 것으로 약 1 m 길이의 유리관으로 구성되어 있으며, 유리관 내부에 수은을 가득 채우고 수은접시(dish)에 거꾸로 담으면, 수은접시 표면에서 약 760 mm의 높이까지 수은이 내려온다. 이 높이는 대기압의 직접적인 측정값이다. 이것은 마치 공기기둥의 질량이 중력을 받아 해수면에 압력을 가하는 것과 같다.

마노미터(Manometer)는 압력을 측정하는 압력계 중 하나로 액주계(液柱計)라고도 한다. 어느 한쪽의 액체면에 압력을 가하면 다른 한쪽의 액체면이 상승하는 구조의 압력측정장치로 액주압력계는 압력과 액주의 무게(중력)와의 균형을 통해 간단하게 압력을 측정할 수 있다.

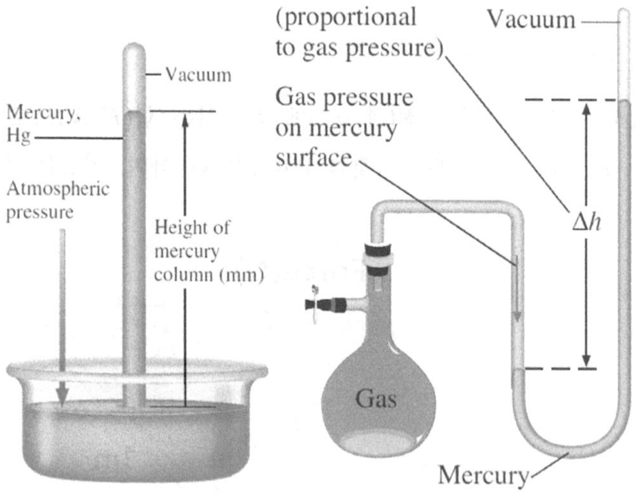

(a) Barometer (b) Manometer

〈그림 2-2〉 압력 측정.

압력의 단위는 $mmHg$이며, 수은기압계(Barometer)를 발명한 Evangelista Torricelli의 이름을 딴 를 사용하기도 한다.

대기압은 대기의 상태에 따라서 달라지며, 표준대기압은 $1\,atm$이라고 한다. 이 때의 대기 기둥의 높이를 0℃의 수은기둥의 높이로 환산하면, $760\,mmHg$에 해당한다.

수은의 밀도는 온도에 따라 변하므로, 압력을 수은기둥의 높이로 나타낼 때는 그 수은의 온도를 분명히 하여야 한다. 온도에 대한 언급이 없을때는 0℃의 수은으로 환산하여 나타낸 것으로 간주한다. 0℃ 수은의 밀도는 $13.5951\,g/cm^3$이다.

기압계 또는 마모미터에서 액체기둥의 압력(P)과 높이(h) 사이의 관계는 식(2.6)과 같이 나타낼 수 있다.

$$P = g \cdot \rho \cdot h \qquad \text{식(2.6)}$$

여기서, g : 중력가속도($9.8\,m/s^2$), ρ : 액체의 밀도

압력으로 표현되는 단위는 상당히 많으며 다음과 상관관계로 표현할 수 있다.

$$\begin{aligned} 1atm &= 760\,Torr \\ &= 760\,mmHg \\ &= 10332\,mmH_2O \\ &= 1.0332\,kg_f/cm^2 \\ &= 14.7\,pi,\,lb_f/in^2 \\ &= 1.01325\times 10^5\,Pa \\ &= 101\,kPa \\ &= 1013\,hPa \\ &= 1013\,mbar \\ &= 1.013\,bar \end{aligned}$$

Pascal, Pa

$$\begin{aligned} 1atm &= 101.325\,kPa \\ &= 14.696\,psi \end{aligned}$$

※ 수은으로 가득찬 마노미터를 이용하여 flask안의 가스압력을 측정하였더니 $797.7\,mmHg$로 나타났다. 이 압력을 대기압(atm) 및 Pascal로 나타내면 어떻게 되겠는가?

sol.) Conversion to atmospheres :

$$797.7\,mmHg \times \frac{1\,atm}{760\,mmHg} = 1.050\,atm$$

sol.) Conversion to pascals :

$$797.7\,mmHg \times \frac{1.01325\times 10^5\,Pa}{760\,mmHg} = 1.064\times 10^5\,Pa$$

압력을 측정하는 기구로는 여러 가지가 사용되며, 유체 압력의 측정에 가장 많이 쓰이는 것이 Bourdon gauge(부르동관 압력계)이다.

부르동관은 금속튜브가 원형 또는 코일형태로 제작되었으며, 부르동관은 일반적으로 C 자 모양을 하고 있다. 튜브의 한쪽 끝은 고정되어 있고, 다른 한쪽 끝은 자유롭게 이동할 수 있어서 유체의 압력이 가해지면 변형되어 C 자 모양의 원형이나 코일의 일부분이 이동하면서 시계바늘이 돌아가 눈금을 가리키게 되어있다. 이러한 압력계를 만들 때는 일반적으로 표준 대기압이 미치고 있을 때 바늘이 "0"점을 가리키도록 조정한다.

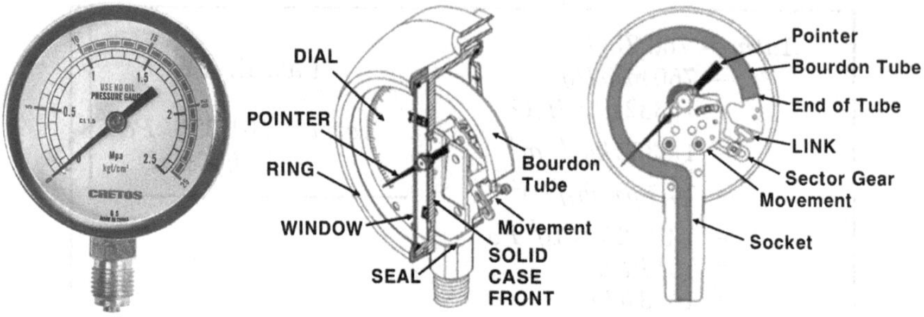

〈그림 2-3〉 압력게이지(Bourdon gauge).

압력의 표시법은 진공상태(절대진공)를 기준으로 하는 절대압력(absolute pressure), 대기압을 기준으로 하는 게이지압력(gauge pressure), 공학상의 압력측정은 일반적으로 대기압을 기준으로 하는 게이지압력을 사용한다.

$$\text{절대압력}(P_a) = \text{게이지압력}(P_g) + \text{측정대기압}(P_0) \qquad \text{식}(2.7)$$

진공건조기 등과 같이 기기에 달린 압력계는 표준 대기압이 영향을 미치고 있으며, 그 바늘은 "0"점을 가리키고, 감압하여 진공으로 만들수록 진공도가 커지게 된다. 따라서, 이 장치안의 절대압력은 대기압에서 진공도를 뺀 값이 되어야 한다. 진공도는 게이지압력이 (-)가 된다.

$$\text{절대압력} = \text{대기압} - \text{진공도} \qquad \text{식}(2.8)$$

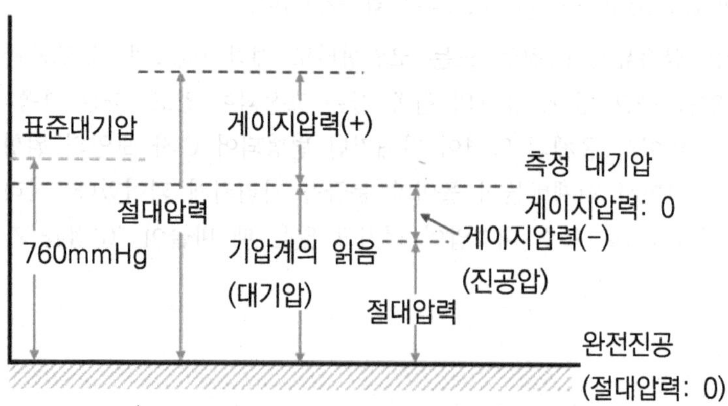

〈그림 2-4〉 압력의 표시.

⑤ 에너지(Energy)

줄(Joule, J)은 에너지 또는 일의 국제단위이다. 1 J은 1 N(뉴턴)의 힘으로 물체를 1 m(미터) 이동하였을 때 한 일이나, 이에 필요한 에너지이다.

$$1J = 1N \cdot m$$

와트(Watt, W)는 1 s(초) 동안의 1 J(줄)에 해당하는 에너지의 사용 일률의 SI 단위계이다.

$$1\,W = 1\frac{J}{s} = 1\frac{N \cdot m}{s} = 1\frac{kg \cdot m^2}{s^3} = 1\,V \cdot 1A$$

전력량 와트시(Wh)는 일률(W)에 3,600 초(1시간)을 곱한 것이다.

$$1\,kWh = 1000\,W \times 3600s = 3600000J = 3.6 \times 10^6 J$$

칼로리(cal)는 에너지의 단위로 온도가 다른 물체 사이에 전해지는 에너지의 양이다. 즉, 물질의 온도를 높이는데 소요되는 열의 양이다.

일반적으로 1 cal는 물 1 g을 1℃ 올리는 데 필요한 에너지로 정의하고 있다. 칼로리와 줄의 관계는 1 cal=4.184 J이다.

따라서, 전력량을 칼로리로 다음과 같이 변환할 수 있다.

$$1\,kWh = 3600000\,J,\ 1kcal = 4184\,J$$

$$\frac{3600000\,J}{1k\,Wh} \times \frac{1kcal}{4184\,J} = 860.4207\,kcal/k\,Wh$$

$$\therefore 1k\,Wh = 860\,kcal,\ \ 1k\,W = 860\,kcal/hr$$

⑥ 몰 농도(M, g-mol/L)

용액 1 L중에 녹아 있는 용질의 몰수를 나타낸다. 즉 1 M용액은 용액 1 L중에 용질 1몰이 녹아있는 것을 말하며 여기서 몰(mol)이란 그람(g)분자량, 즉 분자량에 g을 붙인 것이다. 용액은 용매에 용질이 녹아 있는 것이며 용매는 녹이는 물질이고 용질은 녹는 물질이다.

(예) 1M-염산용액 : 염산(HCl)의 분자량은 36.5이며 1몰은 36.5 g이다. 그러므로 염산 36.5 g을 물에 녹여 1 L로 하면 1 M염산 용액이다.

$$\text{몰농도(M)} = \frac{\text{용질의 몰수}}{\text{용매}(L) + \text{용질}(L)}$$

$$= \frac{\text{용질의 질량}(g) \div g\text{분자량}(g/g-mol)}{\text{용액}(L)}$$

$$M = \frac{\text{비중(밀도)} \times 1{,}000 \times \frac{\%}{100}}{\text{분자량}}$$

⑦ 규정농도(N)

용액 1 L중에 녹아 있는 용질의 g당량수를 말한다.

1 N용액 : 용액 1 L중에 용질 1 g 당량이 녹아 있는 것이며, 여기서 g 당량이란 수소 1 g원자, 수산화이온 1 g이온 또는 산소 1/2 g 원자와 반응할 수 있는 반응물질의 g로 나타낸 무게이다. 그러므로 g당량은 g분자량과 같이 일정하지 않고 반응하는 물질에 따라 다르다.

$$N = \frac{\text{용질의 }g\text{-당량}}{\text{용액의 부피}(L)} = \frac{\text{용질의 무게}(g)}{\text{용질 }1g\text{ 당량수}(g/g\text{-당량})} \times \frac{1000}{\text{용액의 부피}(mL)}$$

⑧ 액의 농도

- 수용액 : 단순히 용액이라 기재한 것은 수용액을 뜻한다.
- 혼액(1+2), (1+5+10) 등으로 표시한 것은 액체상의 성분을 각각 1용량대 2용량, 1용량대 5용량대 10용량의 비율로 혼합한 것을 뜻하며, 총 용량은 3용량, 16용량이 된다. 이는 (1:2), (1:5:10)으로도 표시된다.

  (예) 황산(1+2) : 황산 1용량에 물 2용량을 가하여 3용량으로 만든다.

- 액의 농도를 (1→2), (1→5) 등으로 표시한 것은 그 용질의 성분이 고체일 때는 1 g을, 액체일 때는 1 mL를 용매에 녹여 전량을 각각 2 mL 또는 5 mL로 하는 비율을 뜻한다.

⑨ 희석(Dilution)

용액에 물이나 다른 용매를 가하여 농도를 묽게 하는 것이다. 즉, 어떤 물질의 농도를 다른 물질을 넣어 낮추는 것을 의미한다.

진한용액 일정량에 용매를 가해서 묽은용액을 만들 때, 묽히기 전/후 용액에 들어있는 용질의 양은 변함없다.(즉, 일정하다)

$$M \times V = M' \times V'$$

(예) 0.10 M 황산용액 450 mL를 만들 3.0 M 황산용액은 몇 mL 필요한가?

$$M \times V = M' \times V'$$

$$3.0\ M \times ?\,mL = 0.10\ M \times 450\ mL$$

$$?\,mL = (0.10\ M \times 450\ mL) \div 3.0\ M = 15\ mL$$

즉, 3.0 M 황산용액 15 mL를 피펫으로 분취하여 메스실린더에 넣고, 450 mL까지 물로 채우면 0.10 M 황산용액 450 mL가 된다.

【Q&A】단위환산

학번 : 성명 :

1. 10.0 mL의 시료를 질량 측정하였더니 22.445 g 이었다. 이 시료의 밀도는?

2. 24분 동안 통에 322.4 L의 물이 채워졌다. 분당 물이 채워진 부피유량은?

3. 밑면의 직경이 4 m이고 높이가 1.2 m인 원통에 가득 담겨있는 물의 부피는?

4. 수입한 화학약품에 질량이 320 lb로 표기되어 있다. 이를 kg과 g단위로 나타내시오.

5. 화학약품의 용량이 50 ft^3으로 표기되어 있다. 이를 m^3, L 및 cm^3 단위로 나타내시오.

6. 비중이 0.65 인 액체 200 kg의 부피를 m^3로 나타내시오.

7. 물을 전자 현미경으로 관찰하였더니 직경 0.000000743 cm인 금속 이온이 있음을 확인하였다. 이 입자의 직경을 각각 과학적 표기법과 접두어를 이용하여 다시 쓰시오.

8. SO_2 농도는 25℃ 및 1 atm에서 830 $\mu g/m^3$로 주어진다. 이 농도를 100만분의 1(ppm) 단위로 나타내시오.(단, STP에서 SO_2의 분자량은 64 g/mol이고, 1 mol =22.4 L이다.)

9. 90℃, 6 atm에서의 일산화탄소 농도는 90 $\mu g/m^3$이다. 이 농도를 ppm 단위로 나타내시오.(단, CO의 분자량은 STP에서 28 g/mol이고, 1 mol=22.4 L이다.)

10. 배기가스가 25℃, 1기압으로 방출되고 있는데, SO_2는 약 3.2 부피%를 포함하고 있는 것으로 나타났다. SO_2 농도를 mg/m^3 단위로 계산해 보자.(단, STP에서 SO_2의 분자량은 64 g/mol이고, 1 mol=22.4 L이다.)

3장

유리기구 및 장치

실험실에서 과학실험을 위하여 사용되는 대부분의 기구들은 유리제품으로 만들어져 있으며, 유리기구 및 장치류는 물질의 물리·화학적 특성을 파악하기 위한 실험을 수행하는데 필요한 준비물이다.

학생들은 유리기구, 저울, 분리장치 등에 대한 사용법을 이해함으로써 실험에 준비된 상태를 갖출 수 있다.

학생들이 간단한 실험실 장치를 구성하여 증류, 결정화, 디캔데이션(경사법) 등 화학물질을 분리할 수 있는 몇 가지 방법에 대한 경험을 쌓는 것은 전공분야의 핵심실험을 수행하는데 매우 중요하다.

화학 실험실에서 사용되는 유리 제품은 다음과 같은 특성들을 가지고 있다.

- 내화학적 강도를 가지고 견딜 수 있어야 한다.
- 일부 유리 제품은 살균을 견뎌야 한다.
- 눈금이 있는 유리 제품은 특정한 부피를 측정하므로, 실온에서 크기의 변경이 없어야 한다.
- 화학물질은 가열 및 냉각할 수 있으므로 열 충격으로 깨지면 안된다.

3.1 기초실험기구

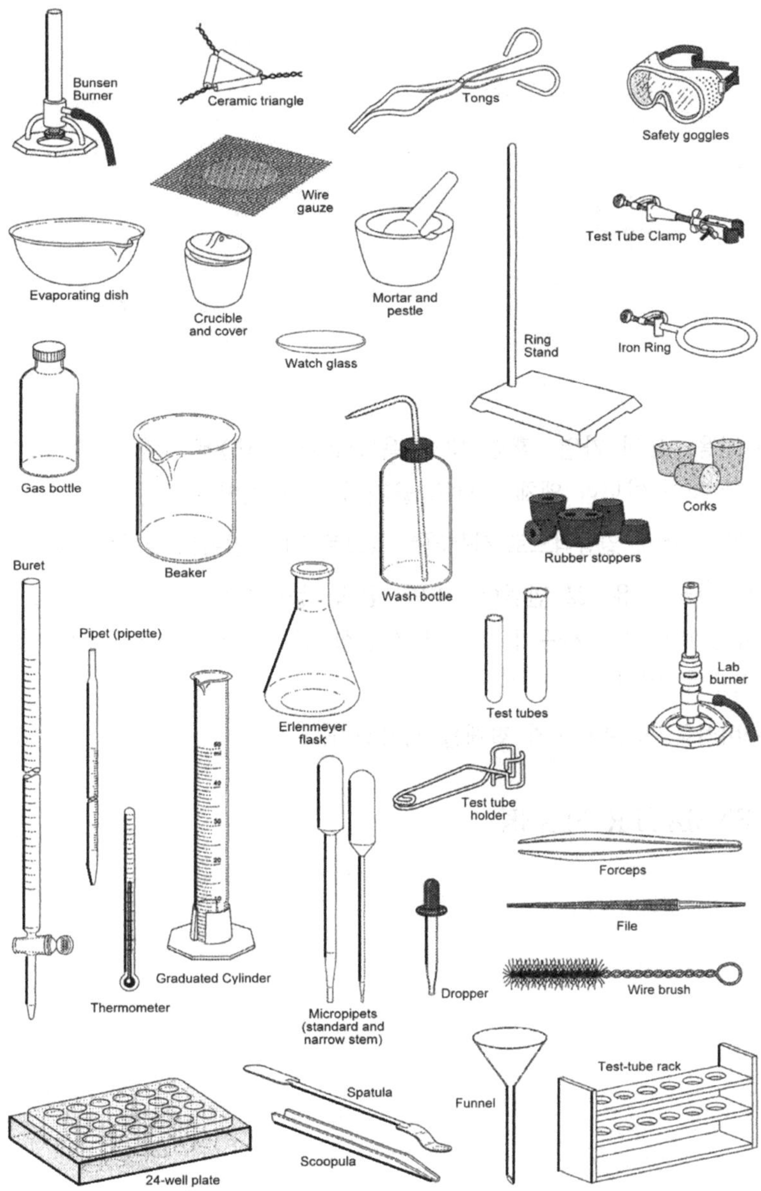

〈그림 3-1〉 기본적인 실험기구.

3.2 유리 제품

- BEAKER

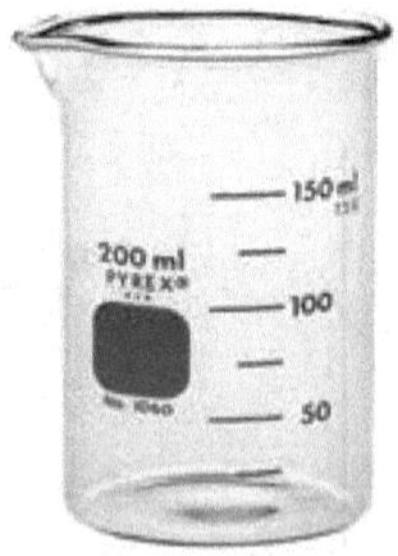

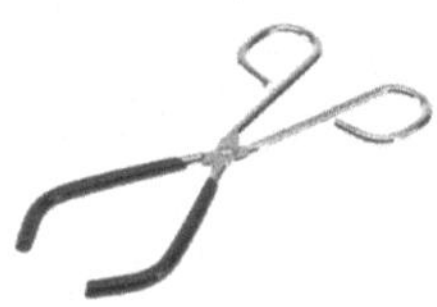

<Beaker tong>

비커는 반응, 용액 가열, 혼합 및 수욕(water bath)에 사용할 수 있다. 그것들은 측정을 위한 것이 아니라 액체를 담고 옮기기 위한 것이다.

비커는 실험실에서 일상적으로 사용되는 것으로 비커 없이는 실험실이 완성될 수 없다.

대부분의 비커는 유리로 만들어지지만, 금속, 플라스틱 등 다른 재료들도 사용될 수 있다. 평평한 바닥과 분사구가 있어서 실험실 벤치나 핫플레이트에서 안정적으로 사용할 수 있으며, 액체를 쉽게 따를 수 있다.

뜨거운 비커를 잡는데 비커 집게를 사용한다.

- ERLENMAYER FLASK

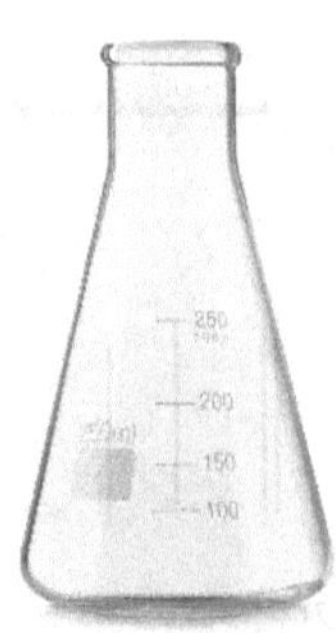

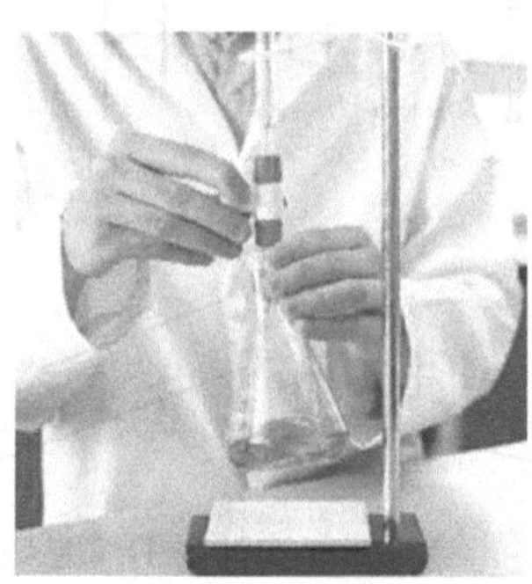

삼각 플라스크 또는 적정 플라스크라고도 하는 삼각 플라스크는 평평한 바닥, 원뿔형 몸체, 원통형 목을 특징으로 하며, 유리(Pyrex)로 만들어졌다. 이 플라스크의 기울

어진 면과 좁은 목은 플라스크의 내용물을 흘릴 위험 없이 소용돌이치며 섞을 수 있어서 뷰렛 아래에 놓고 적정실험을 하기에 적합하다.

삼각 플라스크는 분별깔때기, 뷰렛 등과 함께 장치를 구성할 수 있으며, 용액을 가열하거나 재결정화 및 화학물질 저장 등에 안전하다.

비커와 마찬가지로 삼각 플라스크는 일반적으로 정확한 부피측정에 적합하지 않다.

- VOLUMETRIC FLASK

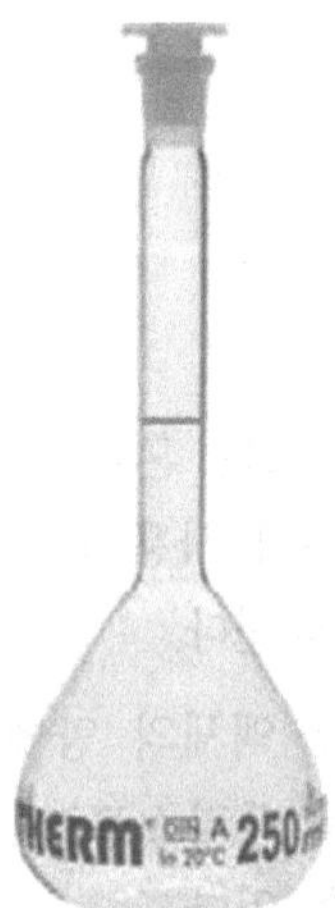

부피(용량) 플라스크는 액체의 양을 매우 정밀하고 정확하게 측정하는 데 사용되며, 그 양이 피펫이나 뷰렛에 너무 많을 때 사용된다.

부피 플라스크는 정밀한 희석 및 표준용액 준비에 사용되는데, 바닥이 평평하고 유리나 플라스틱으로 만들어졌다.

플라스크의 입구에는 플라스틱 스냅/스크류 캡(snap/screw cap)이 장착되어 있거나 PTFE 또는 유리 마개를 수용할 수 있는 조인트가 장착되어 있다. 플라스크의 목은 길고 좁으며, 링에 눈금 표시가 새겨져 있는데 표시지점까지 채워졌을 때 포함된 액체의 양을 나타낸다.

부피 플라스크는 다음과 같은 용도로 사용할 수 있다.

- 용액을 제조
- 용액의 보관, 수집
- 때로는 화학물질 시료 용액의 부피측정
- 화학반응 또는 기타 공정(혼합, 가열, 냉각, 용해, 침전, 증류와 같은 끓임) 및 분석 등

- GRADUATED CYLINDER

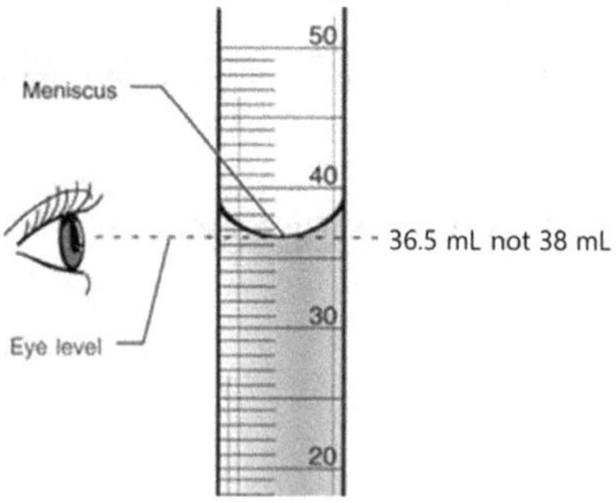

〈Meniscus〉

눈금 실린더, 또는 계량 실린더 또는 혼합 실린더라고도 불리며, 수 밀리리터에서 수 리터까지의 액체부피를 측정하는데 사용되는 일반적인이다. 눈금이 표시된 실린더의 각 선은 측정된 액체의 양을 나타낸다.

보다 정확한 측정을 위해 측정할 액체의 양에 따라 눈금 실린더를 선택하는 것이 중요하다. 눈금 실린더, 피펫, 볼륨 플라스크 및 뷰렛의 메니스커스(meniscus) 포인트를 항상 읽어서 부피를 측정할 수 있다.

액체의 부피는 어떤 액체를 사용하든 반월판 하단에서 읽는다. 반월판(위나 아래가 아닌)과 같은 높이로 시선을 유지해야 볼륨을 정확하게 읽을 수 있다. 투명한 액체는 색깔 있는 액체보다 더 쉽게 읽을 수 있으며, 용액의 색이 어두운 경우 반월판 하단이 보이지 않으므로 위쪽에서 읽어야 한다.

- BURETTE(BÜRET)

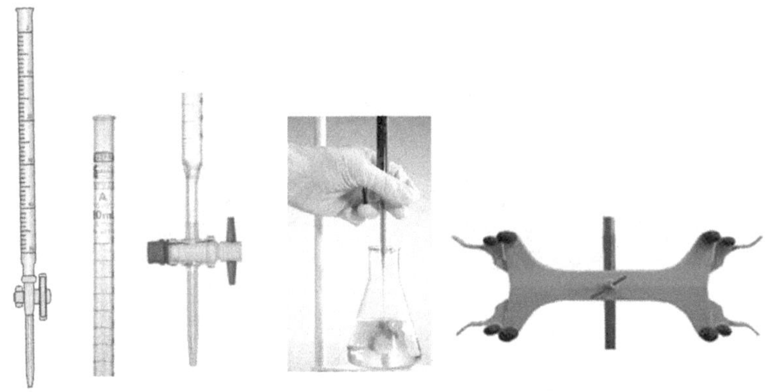

뷰렛은 전체 길이에 부피를 측정하는 눈금이 있고, 하단에 스톱콕(stopcock)이 있으며 출구는 모세관으로 되어있는 수직 원통형 유리 기구이다. 적정 실험에서 주어진 양의 액체 시약을 조제하는데 사용된다. 튜브에서 뷰렛 팁으로 액체의 흐름은 스톱콕 밸브에 의해 제어된다.

삼각 플라스크와 함께 장치를 구성하여 적정실험 등에 사용할 수 있다.

- PIPETTE

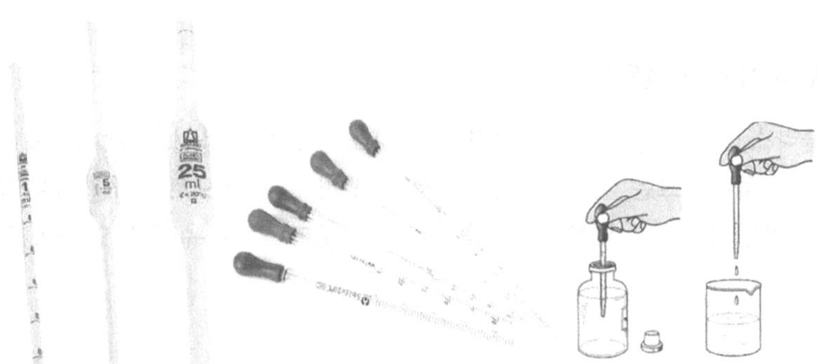

피펫은 측정된 양의 액체를 운반하는 데 사용되는 실험 도구이다.

피펫은 단순한 유리피펫부터 더 복잡하게 조절 가능한 전자 피펫까지 다양한 목적을 위해 여러 가지 디자인으로 제공된다.

피펫은 눈금이 많아 적절한 부피를 측정하여 용액을 전달할 수 있는 측정피펫이 있고, 단일 부피의 액체를 정량적으로 전달하기 위해 중간부에 둥근모양이 있는 부피피펫이 있다.

• SUCTION DEVICE (Pipette filler)

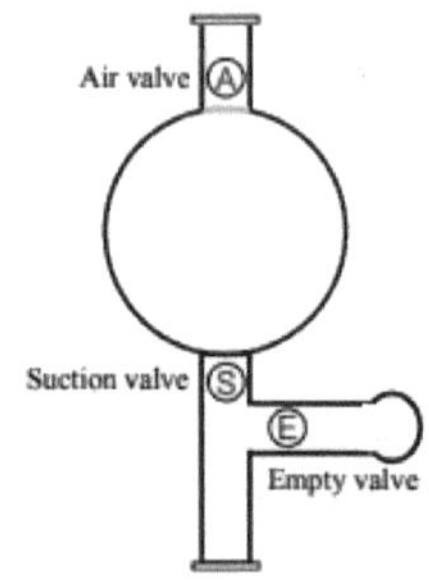

피펫을 사용하여 부피를 측정하는 경우 고무 전구를 사용하여 용액을 빨아들여야 한다. 입을 사용하지 말고, 물이더라도 어떤 용액도 입으로 빨아들이면 안된다. 흡입 장치 또는 고무 전구는 진공을 생성하기 위해 피펫 위에 올려놓고, 보통 한 용기에서 다른 용기로 주어진 양의 액체를 옮겨야 한다.

피펫과 함께 흡입장치로 사용하는데, 사용하기 전에 버튼 A를 눌러 내부 공기를 배출하고, 그런 다음 피펫을 연결 후 버튼 S를 눌러 흡입한다. 메니스커스 포인트를 고려하여 피펫으로 원하는 양의 액체를 측정하고, 측정된 만큼의 용액을 비울 때는 버튼 E를 눌러서 제어한다.

• REAGENT FLASK

시약 플라스크는 보통 바닥이 평평한 플라스크로 테이블이나 캐비닛에 편리하게 놓을 수 있다. 플라스크는 평평한 바닥에서 발생하는 응력으로 인해 너무 많은 압력이나 온도 차이를 견딜 수 없으며, 반응 플라스크보다 약한 유리로 만들어진다.

〈Florence flask〉

〈Flasks with flat bottom〉

• VACUUM FLASK

진공 플라스크는 플라스크 주변보다 내용물이 더 뜨겁거나 차갑게 유지되는 시간을 크게 연장하는 단열 저장 용기이다.

진공 플라스크는 두 개의 플라스크로 구성되어 있으며, 하나는 다른 하나 안에 넣고 목 부분에서 연결된다. 두 플라스크 사이의 간격이 공기 중에서 부분적으로 비워져 거의 진공 상태가 되어 전도나 대류에 의한 열전달이 크게 줄어든다. 실험실과 산업에서 진공 플라스크는 액화질소가스를 보관하는데 사용된다. 대형 진공 플라스크는 산소와 질소와 같이 주변 온도보다 훨씬 낮은 온도에서 기체 상태가 되는 액체를 저장한다.

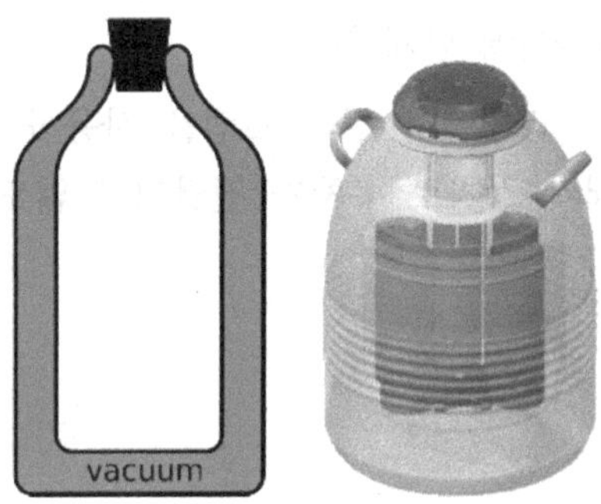

⟨Vacuum flask⟩

• BÜCHNER FLASK & BÜCHNER FUNNEL

⟨Büchner flask⟩

⟨Büchner funnel⟩

뷔흐너 플라스크는 진공 플라스크, 필터 플라스크, 흡입 플라스크, 사이드암 플라스크, 및 분젠 플라스크라고도 하며, 목에서 약 1인치 정도 돌출된 짧은 유리관과 호스

바브(barb)가 있는 두꺼운 벽의 삼각 플라스크이다. 짧은 튜브와 호스 바브는 두꺼운 벽의 유연한 호스(튜빙) 끝을 플라스크에 연결하기 위해 장착할 수 있는 어댑터 역할을 효과적으로 한다. 호스의 다른 쪽 끝은 흡인기, 진공 펌프 또는 하우스 진공과 같은 진공 공급원에 연결할 수 있다.

뷔흐너 플라스크의 두꺼운 벽은 내부에 진공 상태를 유지하면서 압력 차이를 견딜 수 있는 강도를 유지할 수 있어야 한다.

주로 시료를 여과하기 위해 뚫린 고무마개나 플라스크 상단의 목에 있는 엘라스토머 어댑터(뷔흐너 링)를 통해 장착된 뷔흐너 깔때기와 함께 사용된다.

뷔흐너 깔때기는 여과지 층으로 시료를 흡입할 때 고형물과 용액을 분리시키기 위하여 사용한다. 여과하는 동안 여과액은 뷔흐너 깔때기를 통과하여 플라스크에 담기고, 잔여물은 깔때기의 여과지에 남게된다.

뷔흐너 플라스크는 진공 라인에서 진공 트랩을 사용하여 흡인기나 진공 펌프(또는 다른 진공 공급원)에서 배기 장치로 유체가 전달되지 않도록 하거나 그 반대의 경우에도 사용할 수 있다.

〈Büchner flask and Büchner funnel 〉

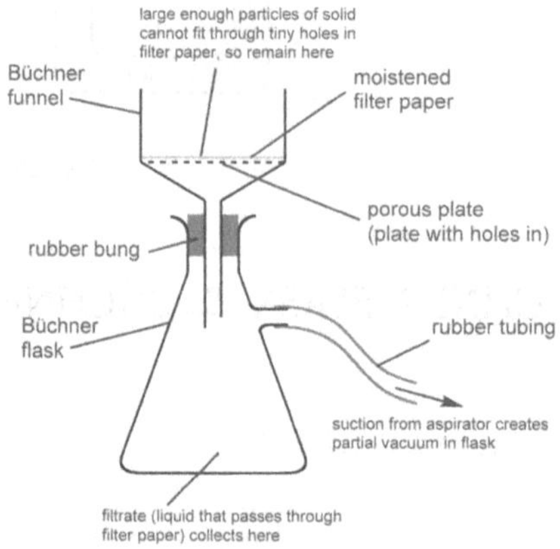

〈Filtration set-up equipment〉

• BOTTLE and JAR

Bottle은 일반적으로 시약이나 샘플을 보관하는 데 사용되는 좁은 입구를 가진 용기이다. 작은 병을 바이알이라고 한다.

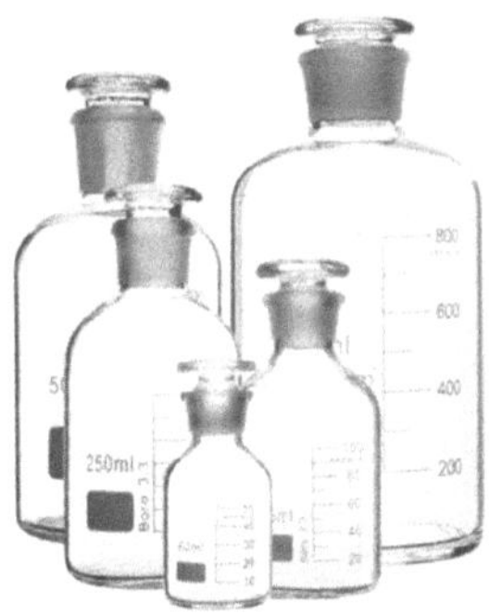

〈Bottles〉

〈Vials〉

〈Bell Jar〉

Jar는 밀폐할 수 있는 넓은 입구가 있는 원통형 용기이며, Bell Jar는 진공을 확보하는데 사용된다.

• TEST TUBE

시험관은 용해도, 열 영향 등과 같은 특성을 빠르게 테스트하기 위해 고체와 액체의 용기로 사용된다. 고체와 액체를 분리해야 할 때 원심분리 튜브로도 사용할 수 있다.

시험관은 화학자들에 의해 화학물질을 다루기 위해 널리 사용되며, 특히 정성적 실험과 분석을 위해 사용된다.

팽창 저항 유리로 만든 튜브는 주로 붕규산염 유리나 융합 석영으로 만들어지며, 섭씨 수백 도까지 높은 온도를 견딜 수 있다. 화학 시험관은 일반적으로 바닥이 평평하거나, 둥글거나, 원뿔형 등이 있다. 시험관 랙은 한 번에 여러 개의 시험관을 보관하는 용도로 유용하다.

시험관의 분젠 버너나 알코올 버너로 소량의 액체나 고체를 가열할 수 있는 편리한 용기이며, 길고 좁은 목은 가열할 때 가스가 환경으로 확산되는 속도를 늦출 수도 있다.

일반적으로 클램프나 집게를 사용하여 시험관을 잡을 수 있으며, 시험관을 기울이면 바닥을 화염 속에서 수백 도까지 가열할 수 있고, 냉각상태를 유지하게 되면 시험관 벽에 증기가 응축될 수 있습니다.

물이 채워진 시험관은 비커의 물속에 거꾸로 넣어서 가스를 포집하는데 종종 사용하기도 한다.(예를들어, 전기분해 실험)

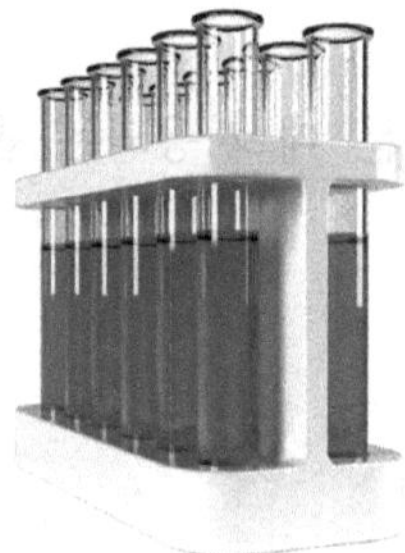

〈Test tubes & Rack〉

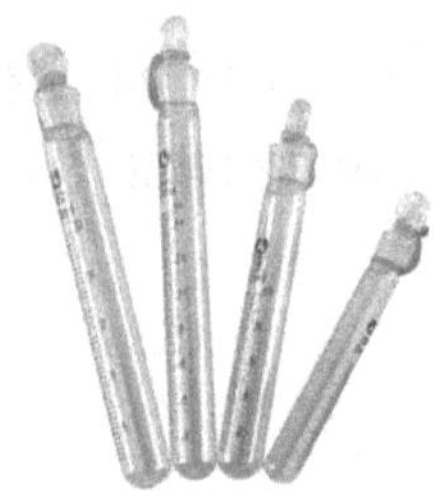

〈with Glass Stoppers〉

〈Heating test tube〉

〈with Screw Caps〉

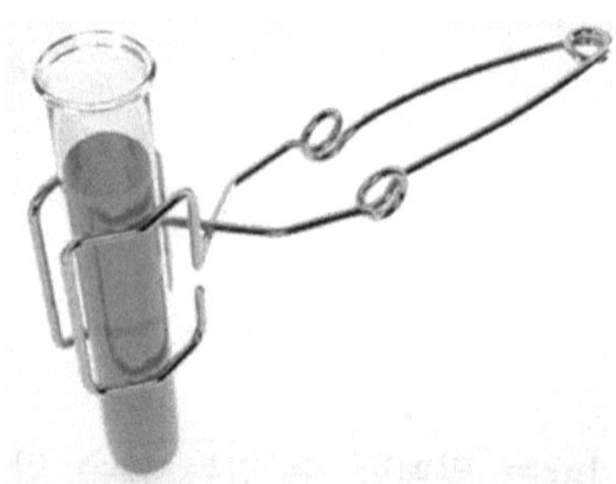

〈Test tube Tong〉

일부 시험관은 바닥에 놓을 수 있도록 유리 스토퍼 혹은 스쿠류 캡을 수용하도록 제작되기도 한다. 스토퍼(또는 스크류 캡)가 달린 시험관은 종종 화학적 또는 생물학적 샘플을 임시로 보관하는 데 사용된다.

- GLASS STIRRING ROD

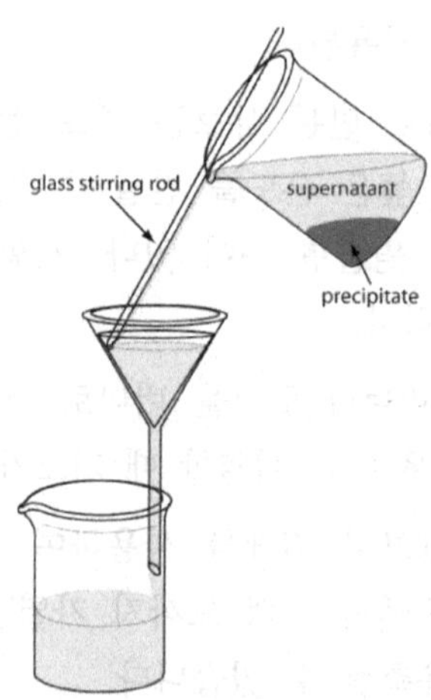

유리 교반봉, 유리 막대, 교반봉 또는 교반봉은 화학물질(고체 또는 액체)을 혼합하

는 데 사용되며, 직경 6 mm, 길이 200 mm정도이고 끝이 둥글게 되어있다. 교반봉은 일반적으로 붕규산염(일반적으로 파이렉스로 알려짐) 유리 또는 폴리프로필렌 플라스틱으로 만들어진다.

교반 막대는 유리 제품의 측면과 액체가 흘러내리는 상층액 사이의 접착력을 무효화하는데 도움이 되기 때문에 상층액을 다른 용기에 운반할 때 적절한 실험기술의 일부로 사용된다.(decantation)

교반봉을 사용하면 화학물질이 격렬하게 반응할 수 있는 경우 유량을 더 많이 제어할 수 있으며, 이 decantation 과정은 플라스크나 비커를 시험관에 붓는 데에도 사용된다.

유리 막대는 시험관이나 비커의 내부 표면을 긁는 데 사용될 때 재결정화 과정에서 결정화를 유도하는 데에도 사용할 수 있고, 추출 과정에서 에멀젼을 분해할 수도 있다.

• LABORATORY CONDENSER

화학에서 응축기는 증기를 냉각시켜 액체로 만드는 실험장치이다. 응축기는 증류, 환류, 추출과 같은 실험실 작업에서 일상적으로 사용되며, 다양한 용도와 처리 용량을 위해 다양한 종류의 콘덴서가 개발되었다.

가장 간단하고 오래된 응축기는 증기가 통과하는 긴 튜브일 뿐이며, 외부 공기가 냉각을 제공합니다. 더 일반적으로 응축기는 더 효과적인 냉각을 제공하기 위해 물(또는 다른 유체)이 순환되는 별도의 튜브나 외부 챔버를 가지고 있다. 실험실 응축기는 일반적으로 화학적 저항성, 청소 용이성, 그리고 작동을 시각적으로 모니터링할 수 있도록 유리로 만들어진다. 특히 응축 증기에 의한 열 충격과 불균일한 가열을 견딜 수 있는 파이렉스 재질을 사용한다.

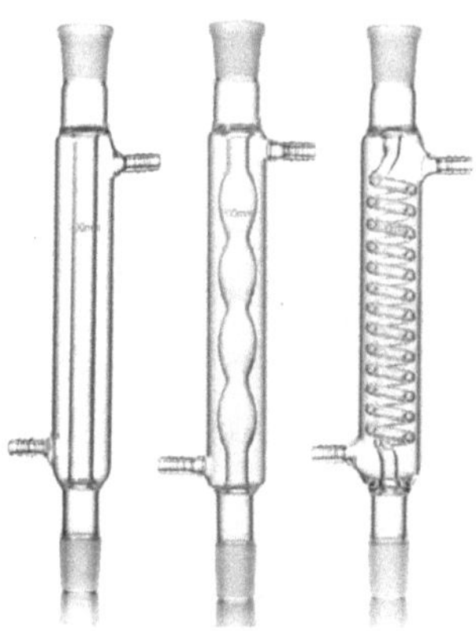

• DESICCATOR

데시케이터는 습기에 민감한 물품을 보존하는데 사용되는 건조제가 들어 있는 밀봉 가능한 장치로, 원형유리의 플랫폼으로 된 것과 캐비넷형의 것이 있다.

건조기의 일반적인 용도는 흡습성이거나 물과 반응하는 화학물질을 습도로부터 보호한다. 건조제는 일반적으로 실리카겔과 같은 다른 방식으로 불활성화된 고체를 플랫폼 아래의 공간에 채운다.

〈Desiccator〉

• SEPARATORY FUNNEL

분별 깔때기 또는 분리 깔때기라고도 하며, 깔때기는 액체-액체 추출에 사용되는 유리제품으로 혼합물의 성분을 밀도가 다른 두 가지 혼합 불가능한 용매상으로 분리하는 데 사용된다.

분별 깔때기는 반구형 끝을 가진 원뿔 모양을 취하며, 상단에는 스토퍼가 있고 하단에는 스톱콕(탭)이 있다. 실험실에서 사용되는 분별 깔때기는 붕규산염 유리(Pyrex)로 만들어지며, 스톱콕은 유리 또는 PTFE로 만들어진다.

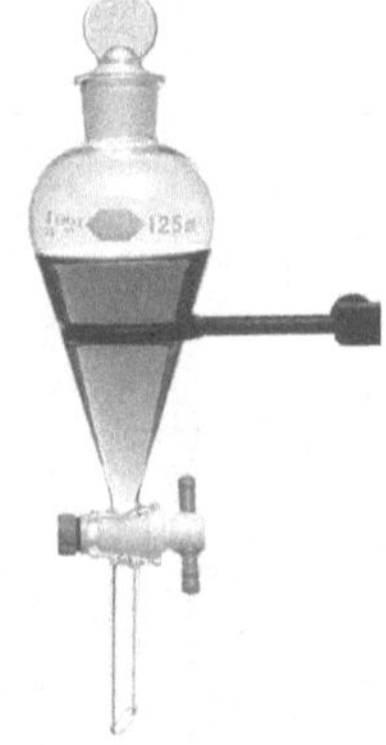

〈Separation funnel〉

• GLASS EVAPORATING DISH

증발 접시는 용액과 상층액을 증발시키고 때로는 녹는점까지 증발시키는 데 사용된다. 증발 접시는 과도한 용매(가장 일반적으로 물)를 증발시켜 농축 용액이나 용해된 물질의 고체 침전물을 생성하는 데 사용된다. 분젠버너(Bunsen burner)는 가연성 물질이 없는 경우 열원으로 사용된다.

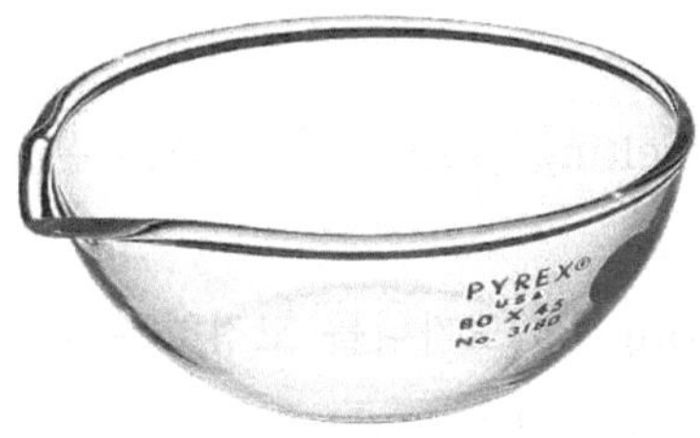

〈Evaporating dish〉

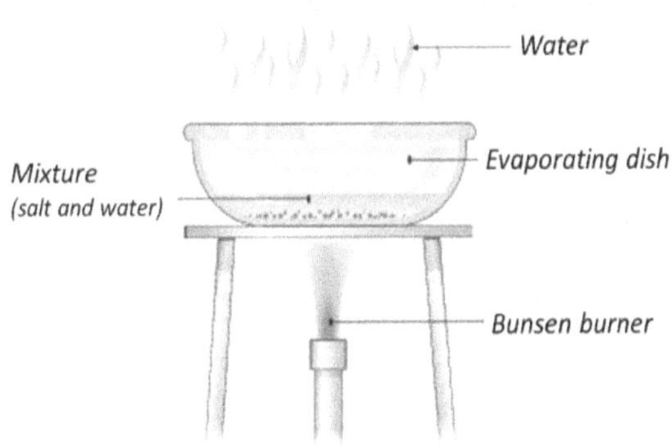

〈Evaporation〉

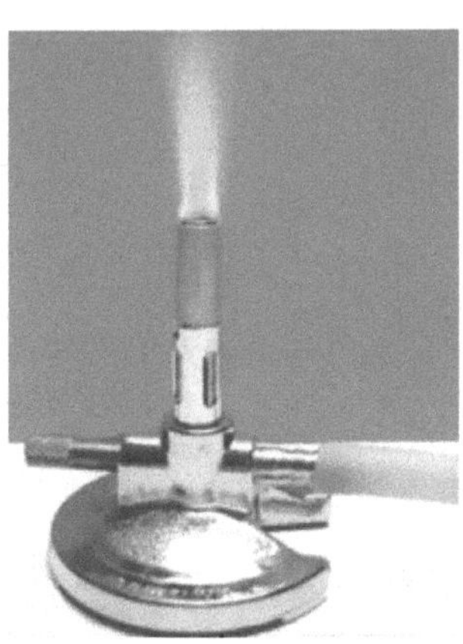

〈Bunsen burner〉

3.3 기타 실험기구류

- 저울(Balance) : 질량을 측정하는 데 사용
- 링 스탠드(Ring stand) : 실험실 유리 제품 및 기타 장비를 제자리에 고정하거나 고정하는 데 사용
- 유틸리티 클램프(Utility clamp) : 유리 제품을 링 스탠드에 고정하는 데 사용
- 링 클램프(Ring clamp) : 비커나 깔때기와 같은 유리 제품을 고정하기 위해 링 스탠드와 함께 사용
- 제련 냄비(Crucible, Smelting pot) : 매우 높은 온도로 가열하기 위해 화학물질을 담는 용기.
- 도가니 집게(Crucible tongs) : 도가니를 고정하는 데 사용
- 핀셋(Forceps) : 작은 물체를 집거나 잡는 데 사용
- 세척병(Wash bottle) : 유리기구를 헹구고 소량의 물을 넣는 데 사용
- 모르타르(Mortar)와 막자(pestle) : 재료를 분쇄하는 데 사용

〈Balance〉

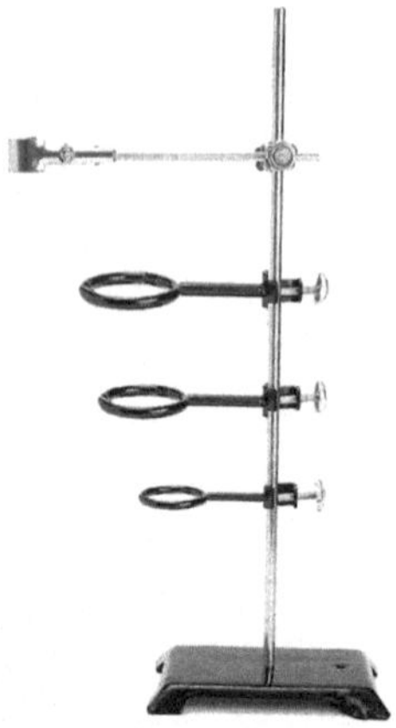

〈Ring stand〉

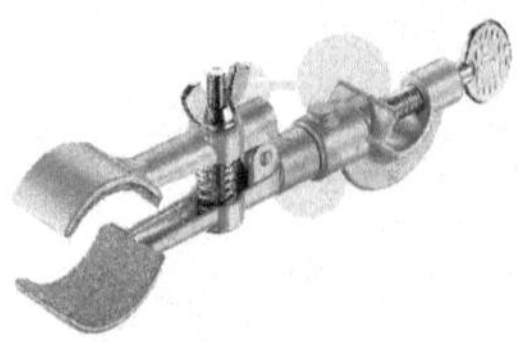

〈Utility clamp〉

〈Ring clamp〉

〈Crucible〉

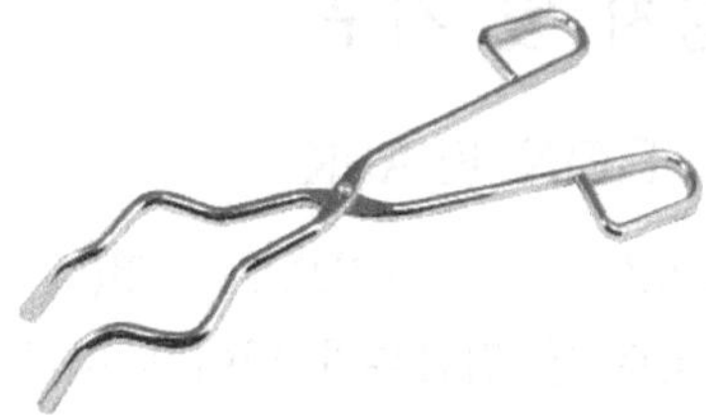

〈Crucible tong〉

〈Forcep〉

〈Wash bottle〉

〈Agate Mortar〉

〈Hotplate Stirrer〉

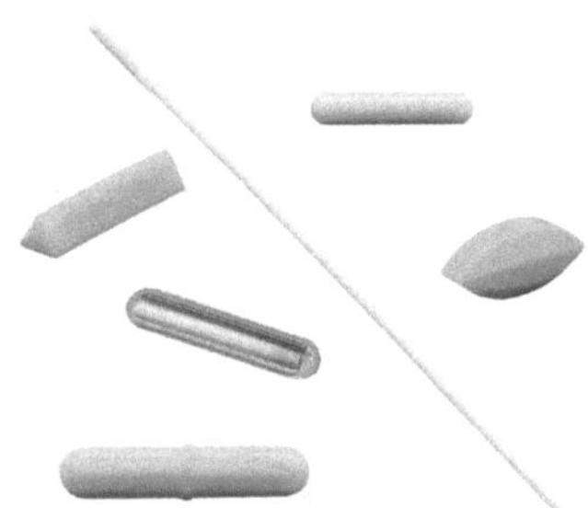

〈Magnetic Stirrer Bar/Stick〉

3.4 반응 장치 및 기구

- REACTION FLASK

반응 플라스크는 일반적으로 구형(즉, 둥근 바닥 플라스크)이며 목이 동반되며, 그 끝에는 유리로 된 접합부가 있어 나머지 장치(예: 플럭스 응축기 또는 드롭 깔때기)에 빠르고 단단히 연결할 수 있다.

반응 플라스크는 보통 두꺼운 유리로 만들어지며 큰 압력 차이를 견딜 수 있어서 진공상태에서의 반응과 압력을 동시에 유지할 수 있다.

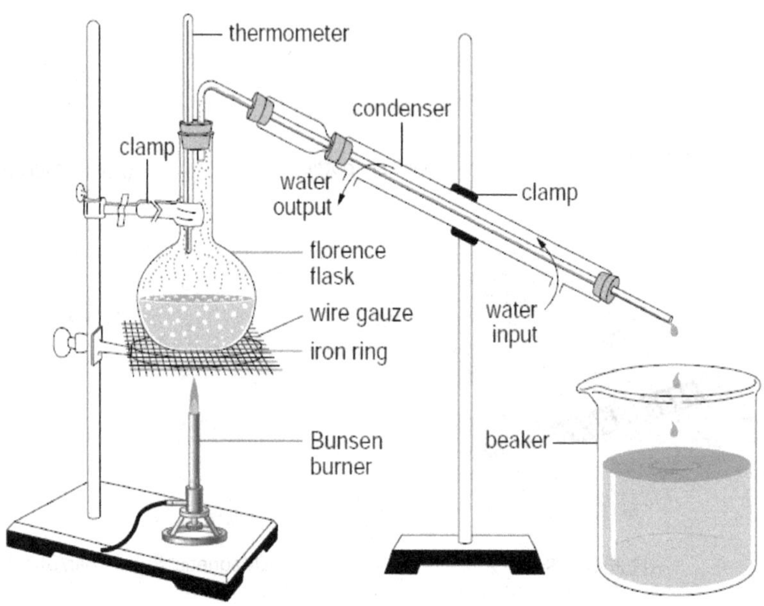

〈그림 3-2〉 Distillation Equipment Apparatus.

- Multiple neck flask

여러 개의 목 플라스크는 두 개에서 다섯 개, 덜 일반적으로 여섯 개의 목을 가질 수 있으며, 각각의 플라스크는 여러 시약을 혼합시 적절한 제어를 필요로 하는 복잡한 실험을 할 때 사용한다. 각각의 접합부는 연결부로 덮여있다.

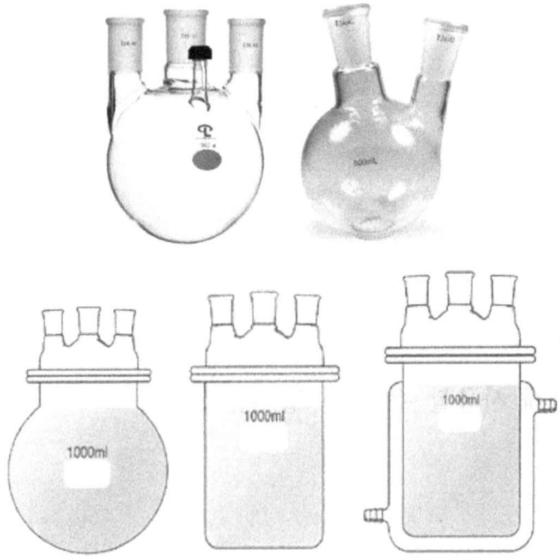

- Schlenkflask

슐렌크 플라스크는 유리로 된 입구와 호스 출구, 진공 스톱콕이 있는 플라스크이다. 탭을 사용하면 플라스크를 호스를 통해 진공-질소 라인에 쉽게 연결하고 진공 또는 질소 분위기에서 반응을 쉽게 수행할 수 있다.

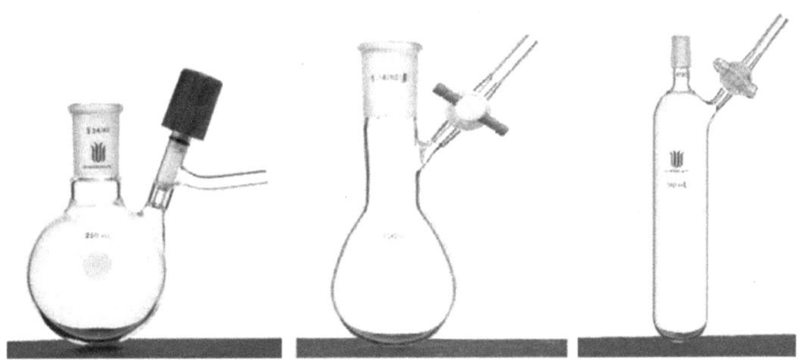

- Distillation flasks

증류 플라스크는 증류의 대상이 되는 혼합물을 포함하고 증류 생성물을 받기 위한 것으로 다양한 형태로 제공될 수 있다.

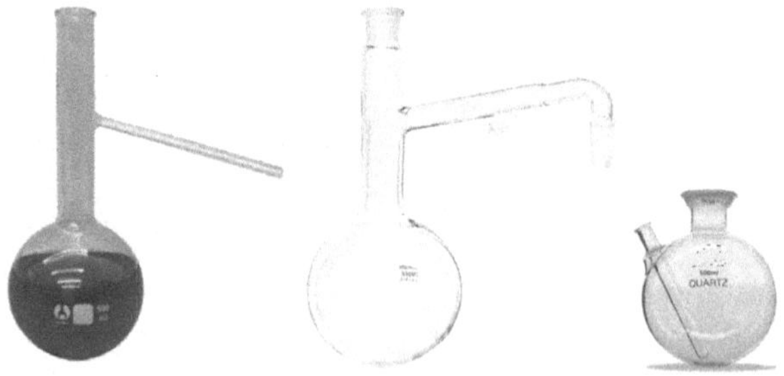

- APPARATUS

화학실험에 유용하게 사용할 수 있는 장치류 ;

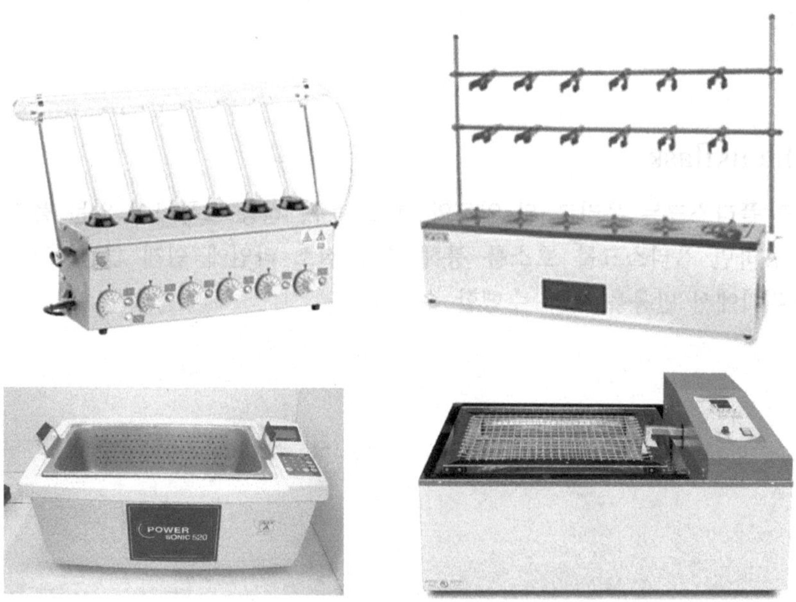

4장

실험보고서 작성법

4.1 실험보고서 주요내용

실험보고서는 실험 또는 관찰에서 나온 결과를 일정한 형식에 맞추어 정리한 것으로 실험결과를 확인하는 동시에 학습성과를 확인하기 위한 것이다. 또한, 보고서나 과학논문을 작성하는 요령과 기술을 미리 습득하는 과정을 본격적으로 훈련받는 단계이다. 보고서의 종류는 매우 다양하며, 저마다의 보고서는 『정확성(accuracy), 객관성(objectivity), 검증성(verification)』을 기반으로 작성되어야 한다.

공학수업의 전공 난이도는 어려우며, 이론으로 듣는 강의로 내용을 이해하는데 한계성을 가지기 때문에 내용을 제대로 습득하여 학습효과를 높이는 방법을 도출하게 되었다.

사람은 자신이 직접 해보는 것, 말로 다른 사람에게 설명하는 것에서 가장 높은 학습효과를 얻는다고 알려져 있다. 표현하기 위하여 의식적으로 공부하는 과정 자체가 내용을 오랫동안 기억하도록 하기 때문이다. 따라서, "실험+실험보고서작성+발표하기"와 같이 수업방식이 폭넓게 이뤄지고 있으며, 이것이 가장 효과적으로 수업을 이해할 수 있다고 한다.(출처 : NTL, National Training Laboratory)

실험보고서 작성 과정에서 투자한 노력 자체가 이론 기반 전공지식 습득으로 연결되는 것이다.

모든 실험자는 관찰한 것을 즉시 명확하고 정확하게 기록해야 하며, 실험보고서의 작성에는 다음의 항목들이 반영되는 것이 일반적이다.

1. 제목
2. 실험목적
3. 실험원리
4. 실험방법
5. 실험결과
6. 고찰
7. 결론
8. 참고문헌

(1) 표지

① 실험보고서의 첫 장이나 맨 위에 따로 표시

② 제목, 과목명, 담당교수, 실험 일시, 실험장소, 학과, 학번, 이름, 조, 조원, 제출일 등을 작성

(2) 실험목적

실험을 진행하는 이유 또는 얻고자 하는 것이 무엇인지 구체적 작성

(3) 실험 원리 및 이론

① 실험에 사용되는 과학적인 원리와 사용 식, 그리고 개념에 대해 정리

② 실험에 필요한 핵심원리를 스스로 정리해보는 시간

③ 실험의 개요를 실험책 및 기타자료에 나와있는 이론의 핵심내용을 일목요연하게 요약

④ 실험 후에 추가이론을 작성할 수 있다.

⑤ 다른책이나 자료에서 참고한 사항을 적었을 경우에는 보고서의 맨뒤 '참고문헌' 란에 일정한 형식을 표기

(4) 실험재료·장치·방법

① 실험에 필요한 재료, 기구, 장치, 준비물, 방법 등을 구체적으로 설명

② 새로 사용하게 되는 기구에 대해서는 그림과 함께 사용법을 조사하여 기록

③ 실험방법은 보통 순서도 형식을 이용하여 실험절차를 기록

④ 구체적인 실험과정을 순서대로 그림이나 사진을 첨부해서 설명

⑤ 관련된 인용문헌이 있으면 역시 '참고문헌'란에 표기

(5) 실험결과

① 실험에서 얻은 결과를 일정한 자료로 정리한 것

② 측정값에 대한 중요한 풀이과정을 써야하며, 단위(unit)를 확인해야 함

③ 알리고자 하는 내용을 가능한 한 효과적으로 전달할 수 있도록 정리하여 서술

④ 표와 그래프 및 그림을 함께 기록

⑤ 도표에는 문맥과 별도로 알 수 있게, 제목과 설명을 따로 붙인다.

⑥ 같은 조에서 실험한 학생들의 실험 데이터는 동일하게 기록

(6) 고찰

① 같은 실험 조원들끼리 실험과 실험을 통해 나온 결과를 놓고 토의하되, 반드시 참고문헌을 조사하여 그 결과와 비교하는 작업이 필요

② 결과들을 단순히 반복적으로 보고하지 말고, 그 결과들이 어떤 의미를 지니는지 해석하고 논의하는 것이 중요

③ 이 과정에는 다양한 해석이 가능할 수 있는데, 처음의 가설에만 맞추려 하지 말고 여러 가지 가능성을 열어두고 토론 실시

④ 실험과정에서 문제점들이 발견되었다면 추후 이를 어떻게 해결하고 보완할 수 있는지에 대해서도 논의

(7) 결론

① 실험의 목적은 무엇이며, 무엇을 측정하였고, 그 결과는 어떻게 나왔는지 등의 실험 전체과정 및 결과를 "요약"해서 정리

② 실험결과를 토대로 하여 실험이 예측한 바와 같이 되었는가 따져보고 내용을 정리

③ 만일 그렇지 못했다면 그 원인을 분석하여 기술

④ 또는, 실험을 수행하며 느꼈던 깨달음, 소감, 어려웠던 점 등을 서술

(8) 참고문헌

① 실험과 관련해 도움을 받을 자료들의 목록을 표기

② 단, 수업용 실험 교재는 참고문헌에 해당하지 않는다.

③ 요구하는 형식은 학과나 분야마다 조금씩 다르므로 해당지침에 따라 표기

※ 실험보고서의 작성 예시는 다음과 같다.

실 험 보 고 서

제출일 : 2025년 월 일

과목명		학번		성명	

○ 실험날짜 : 2025년 월 일

1. 제목

2. 실험목적

3. 실험원리 및 이론

4. 실험방법

4.1 재료

4.2 장치

4.3 방법

5. 결과

6. 고찰

7. 결론

8. 참고문헌

4.2 실험보고서 형식

실험보고서는 수기(手記), 한글과컴퓨터, MS Word, MS Excel 등 여러 가지 방법으로 작성될 수 있다.

대학 실험실에서 이뤄지는 실험의 경우에는 지도교수(혹은 담당 실험조교)가 제공해주는 기본 실험보고서 양식을 준용하는 것이 바람직하다.

일반적으로 실험실습시 제출해야 하는 보고서의 경우, 실험전에 제출하는 예비보고서와 실험후에 제출하는 결과보고서로 하나의 완성된 실험보고서가 되며, 똑같은 내용을 반복하여 쓸 필요는 없다. 예비보고서의 실험방법은 실험수행 모형으로 순서도로 작성하는 것이 보기 좋으며, 결과보고서에서 실험방법은 실제 실험을 수행하는 과정마다의 내용을 작성하는 것으로 수행 사진을 토대로 작성하는 것이 바람직하다. 실험결과에 대한 고찰은 조별(Team)로 실험이 진행되더라도 다른 조원의 의견뿐만 본인의 의견을 반영할 수 있어야 한다. 만약, 예비/결과로 구분하지 않는다면 각 항목을 합쳐서 하나의 보고서로 작성해도 된다.

또한, 실험제목(항목)에 따라 실험보고서 양식에서 요구하는 사항들이 달라질 수 있음을 양지하여야 한다. 무엇보다 실험실습을 수행한 후 제출하는 보고서는 반드시 제출일을 지켜야 한다.

[표 4.1] 실험보고서 양식

예비보고서	결과보고서
--- 표지	--- 표지
실험제목(작성날짜)	실험제목(실험날짜)
2. 실험목적	2. 실험목적
3. 실험원리	3. 실험원리 및 추가이론
4. 실험기구 및 시약	4. 실험방법
5. 실험방법	5. 결과 및 해석
6. 참고문헌	6. 고찰
	7. 결론
	8. 참고문헌

4.2.1 보고서 형식

(1) 용지규격

문서의 『분류·편철·보관·보존』을 용이하게 하기 위해 도면, 기타 특별한 형식의 문서를 제외하고는 흰색 A4용지(가로 210 mm, 세로 297 mm)로 표준화한다.

용지의 여백은 사무관리규정, 한글과컴퓨터社 등에서 권장하는 양식이 있으나, 본 교재에서는 전체적인 미관, 용지 사용의 경제성 등을 고려하여 일반적으로 많이 사용되는 것을 다음과 같이 제시한다.

문서 여백
- 위로부터 20 mm
- 왼쪽으로부터 25 mm
- 오른쪽으로부터 25 mm
- 아래로부터 10 mm

* 머리말·꼬리말 : 10 mm

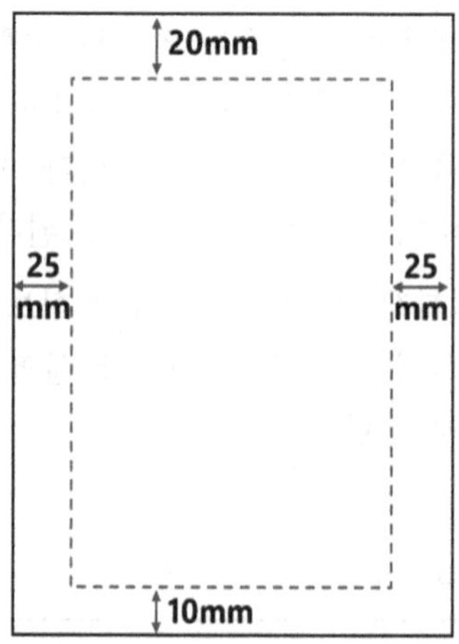

한글과컴퓨터社의 한글 프로그램(한글2020)은 상단의 「서식」도구상자에서 필요한 여러 가지 사항을 설정할 수 있으며, 키보드에서 F7을 누르면 용지 종류, 방향, 여백 등을 지정할 수 있다.

MS Word를 사용시에는 프로그램 화면 상단 「레이아웃(Layout)」-「페이지 설정」단추에서 필요한 내용을 작성할 수 있다.

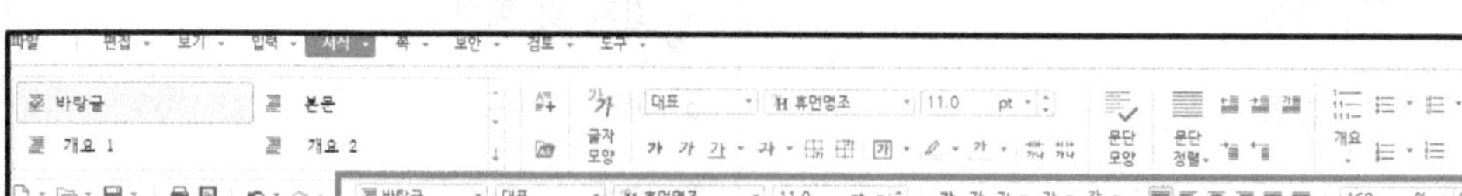

〈그림 4-1〉 한글프로그램 서식 도구상자.

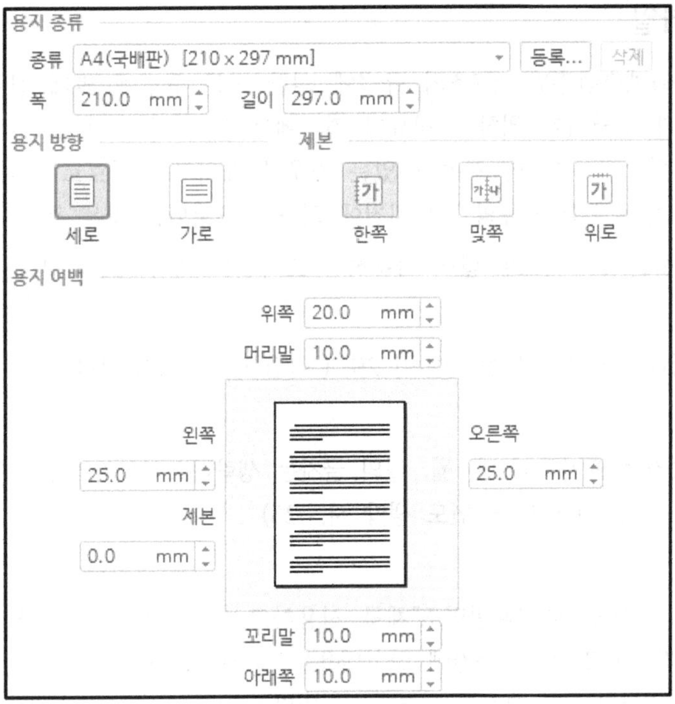

〈그림 4-2〉 한글프로그램 용지선택.

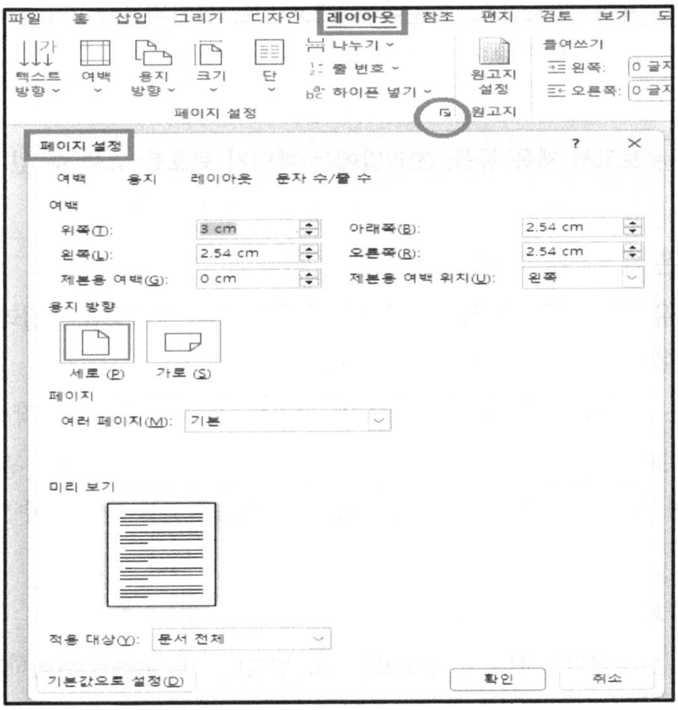

〈그림 4-3〉 MS Word 프로그램 용지선택.

(2) 문서 스타일

문서는 문화예술진흥법 제7조의 규정에 의한 어문 규범에 맞게 한글로 작성하되, 뜻을 정확하게 전달하기 위하여 필요한 경우에는 괄호 안에 한자, 그 밖의 외국어를 넣어 쓸 수 있으며, 특별한 사유가 있는 경우를 제외하곤 가로로 쓴다. 문서 스타일 또한 담당교수, 소속회사 등의 별도지침에 의하여 제시되는 것을 준수하면 된다.

본 교재에서는 일반적으로 많이 사용하는 스타일을 제시하고자 한다.

- 숫자 : 아라비아 숫자로 씀. [예시] 29, ("이십 구"로 쓰지 않음)

- 날짜 : 숫자로 표기하되 년, 월, 일의 글자는 생략하고 그 자리에 온점을 찍어서 표시한다. [예시] 2025.1.15.(연도 생략 시, '25)

- 글씨체는 일반적으로 "휴먼명조"체를 사용하고, 제목이나 중간목차 등은 "HY견고딕"체로 강조하고, 본문 중간에 참고내용을 넣거나 구체적인 수치 등을 표시하고자 할 때는 "중고딕"체로 본문과 구분할 수 있다.

- 글자크기는 제목 20포인트, 본문내용 12포인트, 줄간격은 180%을 기본으로 하고, 문단간격을 포함해서 필요에 따라 변경할 수 있다.

- 머리말에는 보고서 제목 등을, 꼬리말에는 페이지 번호를 넣을 수 있다.

- 본문내용은 개조식과 서술식을 선택할 수 있다.

- 보고서의 유형과 목적, 주제의 특성 및 비중에 따라 전개방법이 달라질 수 있으나, 수요자 입장에서 이해하기 쉽게 작성한다.
- 본문내용은 산만하지 않도록 6하 원칙에 의거해 최대한 간결하게 작성한다.
- 개조식 보고서가 형식을 지나치게 중시하여 주어나 목적어 등이 생략되어 정확한 의사전달에 어려움이 있는 경우에는 서술식을 복합적으로 활용할 수 있다.

- 본문의 중요한 내용은 필요시 강조할 수 있다.

- 강조할 때는 작은따옴표(' '), 홑낫표(「 」), 밑줄(　　), 굵은글씨(진하게), 색깔 등을 사용할 수 있다.

- 항목표시는 번호항목과 특수기호를 사용하여 구분할 수 있다.

- 짧은 보고서에서는 □, ○, -, · 등과 같은 특수기호만으로 표시
- 항목부호는 사무관리규정에서 숫자와 한글을 함께 사용하는 항목체계를 제시하고 있으나, 가., 나., 다., 체계의 경우 본문의 글자와 언뜻 구분이 잘 안되는 점이 있어서 본 교재에서는 [표 4-2]와 같이 숫자로 표시되는 형식을 제안하고 있다. 숫자로만 글머리 기호를 표시할 경우, 온점(.), 반괄호, 원문자 순으로 작성하면 된다.
- 물론, 항목번호를 매기는 방법은 각 소속기관 또는 학문영역에 따라 제시하는 규정을 준수하면 된다.
- 첫째항목기호는 왼쪽 처음부터 띄어쓰기 없이 바로 시작하고, 둘째항목부터는 앞 항목위치에서 오른쪽으로 1칸씩 옮겨 시작한다.

- [표제목]은 표위 왼쪽에, 〈그림제목〉은 그림아래 중간정렬 후 맞침표로 표시한다.

- 정부문서(공기관), 국가연구과제보고서, 기술보고서, 실험보고서, 학술논문 등에 있어서 다양한 문서유형이 제시되고 있다. 다만, 종이로 읽던, 컴퓨터로 읽던, 작성된 문서는 제3자가 읽을 때 명료하게 인식되어야 한다.

[표 4.2] 번호항목

구분	항목부호	
첫째항목	Ⅰ., Ⅱ., Ⅲ., Ⅳ. …	Ⅰ.v첫째항목 ○○○○○○
둘째항목	1., 2., 3., 4., …	v1.v둘째항목 ○○○○○○
셋째항목	1), 2), 3), 4), …	vv1)v셋째항목 ○○○○○○
넷째항목	①, ②, ③, ④, …	vvv①v넷째항목 ○○○○○○
다섯째항목	ⅰ), ⅱ), ⅲ), ⅳ), …	vvvvⅰ)v넷째항목 ○○○○○○

4.2.2 참고문헌 표기법

대학생활부터 본격적으로 작성하는 보고서가 다양하게 제시되고 있는데, 본문 내용도 중요하지만 그에 걸맞게 인용한 자료에 대한 정리도 실수가 없어야 좋은 보고서로 완성된다.

작성한 보고서가 신뢰성 있는 자료를 올바르게 인용하여 다른 사람의 지식, 정보라는 출처를 밝힘과 동시에 자신의 견해의 타당성을 높이는 역할을 하기에 제대로 된 참고문헌을 작성할 수 있도록 표기법을 익히는 것이 중요하다.

참고문헌의 표기법은 공식적으로 규정한 스타일은 없기에 작성하는 자료의 분야, 소속기관, 담당교수 등에 따라 선택할 수 있으며, 본 도서에서는 다음의 표기법을 추천하고자 한다.

(1) 논문 인용 표기법

다른 논문에서 참고한 경우에는 '저자'와 '논문제목'과 '쪽수' 등을 표기해야 한다.

➢ 저자(출판연도), "제목", 논문의 이름(출판학회지), 권, 호, 쪽수

ex) 홍길동(1994), "공부란 무엇인가", 공부하는 이야기 3월호, pp. 25~30.

(2) 책 인용 표기법

책 인용 표기법은 저자, 도서명, 출판사, 쪽수를 입력한다.

➢ 지은이, 『책이름』, 출판사(출판년도), 쪽수

ex) 홍쌤, 『나도 쌤!』, 코푸티 커뮤니티(2015), p. 135.

(3) 사전 참고 표기법

책 인용과 비슷한 방식이지만 조금 달라서 잘 알아야 한다.

➢ "항목", 『사전이름』, 출판사(출판년도)

ex) "교사", 『교사사전』, 교사출판사(2025).

(4) 인터넷 참조 표기법

인터넷은 레포트를 작성하게 될 때 아주 흔하게 참고하게 된다. 참고한 블로그나 사이트 등의 주소를 적어주는게 좋고, 과제로 제출하는 경우라면 일반 글보다는 위키백과나 공인자료를 활용하는게 더 좋을 수 있다.

➢ 사이트 이름, “검색명”, 사이트 주소, (참고날짜).

ex) 공간천국, “참고문헌 표기방법”, http://space----.com, (2025년1월20일)

(5) 번역서 참조 표기법

번역서에서 참조한 경우 원본 글쓴이와 책이름, 출판사와 인용한 쪽수 등을 자세하게 기재하는게 좋다.

➢ 글쓴이, 『책이름』, 옮긴이, 출판사(출판연도), 인용한 쪽수

ex) 베르마일, 『나를 위해』, 홍길동, 율도출판사(1992), pp. 12~15.

(6) 기사 참조 표기법

기사를 참조한 경우 기사제목과 해당 신문이름 그리고 발행일과 면수를 기재한다.

➢ “기사제목”, 신문이름, 신문발행일, 면수

ex) “00이야기”, 00일보, 2025년 1월 20일, 1면.

5장

흡광광도계 (UV-Vis Spectrophotometer)

5.1 원리 및 적용범위

빛이 시료 용액 중을 통과할 때 흡수나 산란 등에 의하여 강도가 변화하는 것을 이용하는 것으로 시료물질의 용액 또는 여기에 적당한 시약을 넣어 발색(發色)시킨 용액의 흡광도를 측정하여 시료 중의 목적성분을 정량하는 방법으로, 파장 200~900 nm (자외선 : 200~400 nm, 가시광선 : 400~700 nm)에서의 액체의 흡광도를 측정함으로써 수중의 각종 오염물질 분석에 적용한다.

흡광광도 분석법은 일반적으로 광원으로부터 나오는 빛을 단색화장치(monochrometer) 또는 필터(filter)에 의하여 좁은 파장 범위의 빛만을 선택하여 시료 용액 층을 통과시킨 다음 광전측광(光電測光)으로 흡광도를 측정하여 목적성분의 농도를 정량하는 방법이다. 강도가 I_0되는 단색광선이 농도 C, 길이 b가 되는 용액층을 통과하면 이 용액에 빛이 흡수되어 입사광의 강도(I_0)가 감소한다. 통과한 직후의 빛의 강도(I_t)와 입사광 사이에는 람베르트-비어의 법칙에 의하여 정리할 수 있다.

- Lambert 법칙 : 흡광광도 분석법에서 정량분석에 대한 중요한 법칙으로서 Lambert와 Bouguer는 입사광이 용질에 의하여 흡수되는 비율(흡광도)은 용질층의 두께에 비례한다는 것을 알아낸 법칙이다.
- Beer의 법칙 : 흡광도가 시료의 농도에 비례한다.

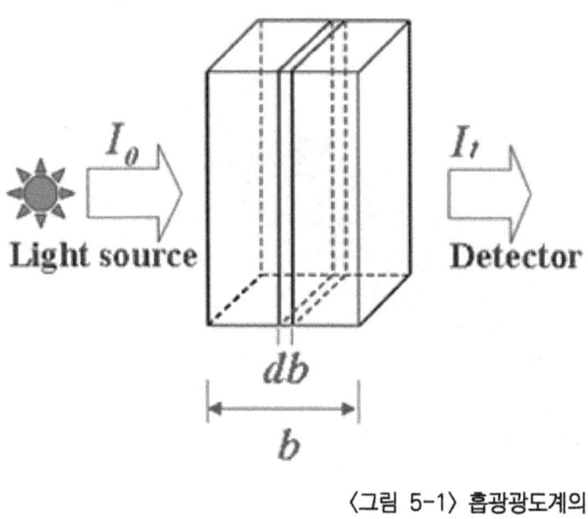

$$\int_{I_0}^{I_t} \frac{dI}{I} = -kc\int_0^b db$$

I_0 : 입사광 세기
I_t : 투과광 세기
dI : 빛의 세기변화
k : 비례상수
C : 용질의 농도
db : 용질의 두께변화

〈그림 5-1〉 흡광광도계의 원리.

$$\int_{I_0}^{I_t} \frac{dI}{I} = -kc\int_0^b db$$

$$\ln\frac{I_t}{I_0} = 2.303\log\frac{I_t}{I_0} = -kCb$$

$$\log\frac{I_t}{I_0} = -\varepsilon cb$$

$$\frac{I_t}{I_0} = 10^{-\varepsilon Cb} = t(transmitance)\ ,\ t \times 100 = T\ (\text{투과}\%)$$

$$\log\frac{1}{t} = A(Absorbance) = \varepsilon Cb\ (\varepsilon\text{: 흡광계수})$$

이 두 법칙을 합한 식을 Lambert-Beer 법칙이라 한다. Lambert 법칙과 Beer 법칙에 의하여 빛이 투과하는 비율은 용질층의 두께, 시료의 농도에 비례하게 된다.

이 식에서 농도를 알고 있는 표준액에 대하여 흡광도를 측정하고 흡광계수(ε)를 구해 놓으면 시료용액에 대해서도 같은 방법으로 흡광도를 측정함으로써 정량할 수 있다. 그러나 실제로는 ε를 구하는 대신에 농도가 다른 몇 가지 표준액을 사용하여 시료액과 똑같은 방법으로 조작하여 얻은 검량선(검량곡선)으로부터 시료 중의 목적성분을 정량하는 것이 보통이다.

UV/VIS Spectrophotometer의 적용 분야 중 단일성분의 정량적 해석은 중요한 부분을 차지하고 있는데, 대부분의 유기/무기 성분의 농도분석에 광도분석을 적용할 수 있다. 이러한 광도측정에 의한 정량분석은 통상적으로 분석이나 약품, 환경, 수질오염 모니터링, 식품분석 또는 품질관리 및 생화학 분야에도 중요한 역할을 한다. 특히, 생화학 분야에서는 nucleic acid, 단백질, 비타민, 효소, 탄수화물과 무기원소의 정량에도 적용할 수 있다.

5.2 장치의 구성

일반적으로 사용하는 흡광광도 분석장치는 【광원부, 파장선택부, 시료부, 측광부】로 구성되고, 광원부에서 측광부까지의 광학계에는 측정목적에 따라 여러 가지 형식이 있다.

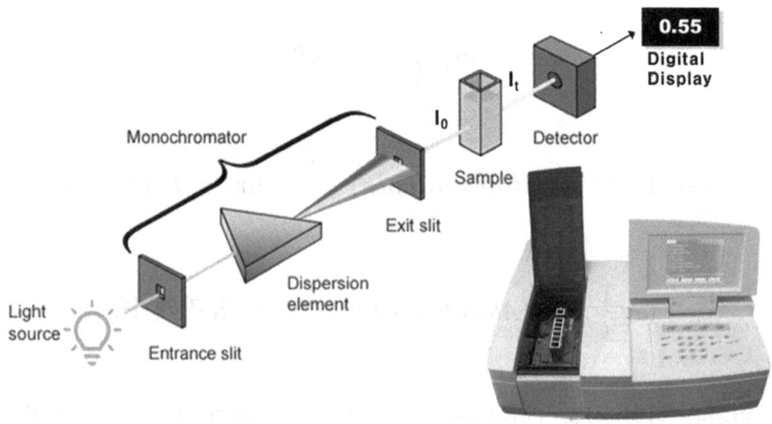

〈그림 5-2〉 흡광광도계의 구성.

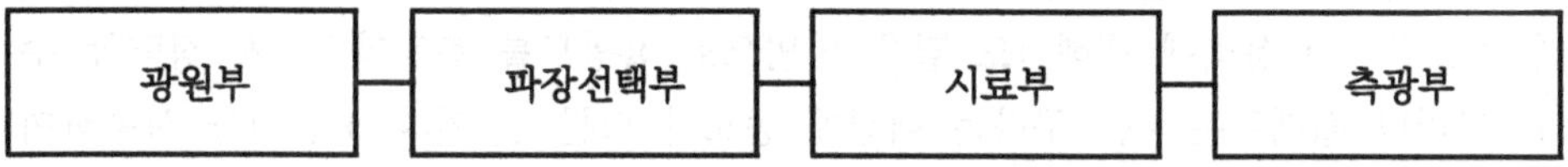

(1) 광원부

광원부의 광원에는 텅스텐램프 중수소방전관(重水素放電管) 등을 사용하며 점등(點燈)을 위하여 전원부나 렌즈와 같은 광학계(光學系)를 부속시킨다.

가시부(可視部)와 근적외부(近赤外部)의 광원으로는 주로 텅스텐램프를 사용하고, 자외부(紫外部)의 광원으로는 주로 중수소 방전관을 사용한다. 또 전원부에는 광원의 강도를 안정시키기 위한 장치를 사용할 때도 있다.

(2) 파장선택부

파장의 선택에는 일반적으로 단색화장치(Monochrometer) 또는 필터(Filter)를 사용한다.

단색화장치로는 프리즘, 회절격자 또는 이 두가지를 조합시킨 것을 사용하며 단색광을 내기 위하여 슬릿(Slit)을 장착시킨다. 필터에는 색유리 필터, 젤라틴 필터, 간접 필터 등을 사용한다.

(3) 시료부

시료부에는 일반적으로 시료액을 넣은 흡수셀(Cell, 시료셀)과 대조액을 넣는 흡수셀(대조셀)이 있고 이 셀을 보호하기 위한 셀홀더(Cell Holder)와 이것을 광로(光路)에 올려놓을 시료실(試料室)로 구성된다.

- 흡수셀 : 사각형(10×10 mm)
- 흡수셀 재질 : 흡수파장이 약 370 nm 이상 일 때는 석영 또는 경질유리 흡수셀을 사용하고, 약 370 nm 이하 일 때는 석영 흡수셀을 사용한다.
- 시료셀에는 시험용액을, 대조셀에는 따로 규정이 없는 한 증류수를 넣는다. 넣고자 하는 용액으로 흡수셀을 씻은 다음 적당량(셀의 약 8 부까지)을 넣고 외면이 젖어 있을 때는 깨끗이 닦는다. 필요하면(휘발성 용매를 사용할 때와 같은 경우) 흡수셀에 마개를 하고 흡수셀에 방향성(方向性)이 있을 때는 항상 방향을 일정하게 하여 사용한다.

(4) 측광부

측광부의 광전측광에는 광전관(光電管), 광전자증배관(光電子增培管), 광전도셀 또는 광전지 등을 사용하고 필요에 따라 증폭기(增幅器) 대수변환기(對數變煥器)가 있으며, 지시계(指示計), 기록계 등을 사용한다.

광전관, 광전자증배관의 주로 자외 내지 가시파장 범위에서 광전도셀을 근적외(近赤外) 파장범위에서, 광전자는 주로 가시파장 범위에서 광전측광(光電測光)에 사용된다.

지시계는 투과율, 흡광도, 농도 또는 이를 조합한 눈금이 있고 숫자로 표시되는 것도 있다.

기록계는 투과율, 흡광도, 농도 등을 자동 기록한다.

5.3 정량방법

흡광광도 분석방법으로 정량분석을 하려면 이미 흡광도와 시료성분의 농도와의 비례성과 같은 시료에 대한 흡광도의 재현성을 검토하여야 한다.

일반적으로 정량분석에는 검량선을 미리 작성해 놓은 방법을 이용하며 경우에 따라서는 ε의 값(몰 흡광계수)을 미리 구해 놓는 방법도 이용한다.

5.3.1 검량선의 작성

검량선은 표준액의 여러 가지 농도에 대하여 적당한 대조액을 사용하며, 흡광도를 측정하고 표준액의 농도를 횡축(X), 흡광도를 종축(Y)에 취하여 그래프 용지위에 양자의 관계선을 구하여 작성한다.

검량선은 거의 직선을 나타내는 범위내에서 사용하는 것이 좋다. 시약이 바뀌거나 시험자가 바뀔때에는 검량선을 다시 작성하는 것이 좋다. 단, 투과율을 측정하여 흡광도로 환산하지 않고 검량선을 작성할 때는 편대수(片對數) 그래프용지를 사용하여 대수축에 투과율을 취하여 검량선을 적성한다.

(1) 표준액

분석하려는 성분의 순물질(純物質) 또는 일정농도의 표준액을 단계적으로 취하여 규정된 방법에 따라 표준액 계열을 만든다. 이때의 표준액 농도는 시험용액 중의 분석ㅎ려는 성분의 추정농도와 거의 같은 농도범위로 한다.

(2) 대조액

일반적으로 용매를 사용하며 분석하려는 성분이 들어있지 않은 같은 종류의 시료를 사용하여 규정된 방법에 따라 조제한다. 바탕시험액이라 한다.

5.3.2 정량조건의 검토

흡광광도법으로 정량분석을 할 때는 다음과 같은 조건을 검토하여 결정하여야 한다.

(1) 발색반응의 검토

- 발색한 시험용액에 대한 흡수곡선과 최대흡수파장
- 바탕시험액의 흡수곡선과 바탕시험치

- 액성의 변화에 따른 흡광도의 변화
- 최적 pH범위와 완충액의 종류 및 첨가량
- 마스킹이 필요할 때는 마스킹제의 종류와 첨가량
- 안정제, 산화방지제 등의 종류와 첨가량
- 온도변화 및 방치시간에 의한 흡광도의 변화
- 시약의 농도 첨가량 첨가순서의 영향
- 시료액중의 피검성분의 최적농도 범위
- 시료액에 대한 빛(光)의 영향
- 용매추출을 할 때는 최적용매의 선정

(2) 측정조건의 검토

- 측정파장은 원칙적으로 최고의 흡광도가 얻어질 수 있는 최대 흡수파장을 선정한다. 단, 방해성분의 영향, 재현성 및 안정성 등을 고려하여 차선(次善)의 측정파장 또는 필터를 선정하는 수도 있다.
- 대조액은 용매, 바탕시험액 기타 적당한 용액을 선정한다.
- 측정된 흡광도는 되도록 0.2~0.8의 범위에 들도록 시험용액의 농도 및 흡수셀의 길이를 선정한다.
- 부득이 흡광도를 0.1미만에서 측정할 때는 눈금 확대기를 사용하는 것이 좋다.

(3) 정량조작

정량조작은 원칙적으로 다음과 같은 순서로 한다.

① 피검액(被檢液)을 부피플라스크 같은 용기에 달아 넣는다.

② 발색시약, 산, 알칼리, 완충액, 마스킹제, 안정제 등 각각 규정된 순서에 따라 가한다.

③ 충분한 발색이 되도록 필요하면 가열 또는 방치한다.

④ 용매를 가하여 일정용적으로 희석한다.

⑤ 광도계의 측정파장 또는 필터, 슬릿의 폭, 흡수셀 등을 규정한 방법에 따라 조절 또는 준비한다.

⑥ 발색액의 일부를 흡수셀에 넣어 4.4의 순서에 따라 흡광도를 측정한다.

⑦ 측정한 흡광도를 5.1의 요령에 따라 작성한 검량선과 비교하여 목적하는 성분의 농도를 구한다.

【Q&A】흡광광도계

학번 : 성명 :

1. 다음 도표를 완성하시오.

Solutions	A	T	%T
K-1	0.682		
K-2			
K-3		0.572	

2. 과염소산에 녹아 있는 착이온의 흡수스펙트럼은 400 nm 에서 최대 흡광도를 보이며, 32.0 $\mu g/mL$ 용액의 흡광도는 0.456이다. 같은 흡수 용기를 이용하여 같은 방법으로 처리한 미지 용액의 흡광도가 0.5였다면 이 미지 용액의 농도($\mu g/mL$)는 얼마인가?

3. $2.00 \times 10^{-4} M$ 의 어떤 화합물을 320 nm 에서 1.00 cm 흡수용기를 이용하여 측정한 흡광도가 1.00일 때, 다음 물음에 답하여라.

(1) 320 nm 에서의 몰흡광계수(ε)는 얼마인가?

(2) 어느 정도의 입사광선이 흡수용기를 통해 투과되었는가?

(3) $4.00 \times 10^{-4} M$ 의 동일한 화합물에 대하여 같은 흡수 용기를 이용할 때 어느 정도 투과되겠는가?

4. 흡광광도계에서 읽은 빛의 흡수율이 90%일 때 흡광도는 얼마인가?

5. 비색법에 의해 어떤 물질을 정량할 때, 5 mm의 셀(cell)을 사용한 경우, 시료의 흡광도가 0.1이라면 같은 시료를 10 mm의 셀(cell)을 사용하여 측정한 흡광도는 얼마인가?

6. 흡광광도법(자외선가시선분광법)의 검량선 작성시 투과퍼센트가 50%인 경우의 흡광도는 얼마인가?

7. 시료농도에 따라 흡광도를 측정하기 전에 먼저 구해야 하는 것은?

8. 검량선에서 시료의 농도와 흡광도의 관계는?

9. 흡광광도법으로 미지시료용액의 흡광도를 측정한 결과, 흡광도가 검량선 영역 밖으로 나타났다. 시료용액을 2배로 희석하여 흡광도를 측정한 결과 흡광도가 0.5로 나타났다면, 이 시료용액의 농도는 얼마인가?

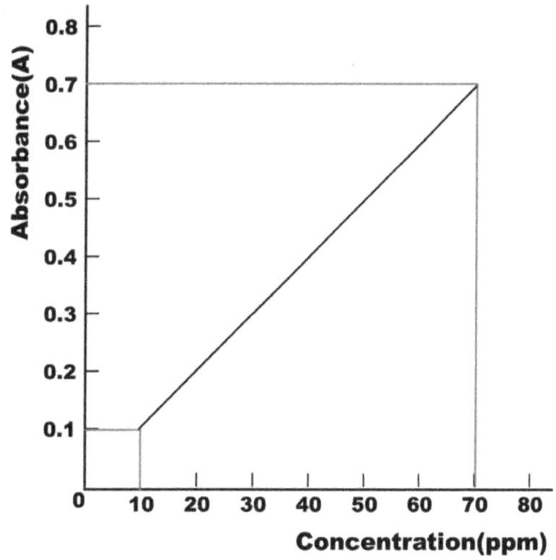

10. 가시영역에서 빛을 흡수할 수 있도록 흡광광도법으로 분석을 용이하게 하는 시약을 무엇이라 하는가?

6장

수질오염물질 배출량 산정

6.1 수질오염물질 배출량

배출량은 유량(Q)과 배출농도(C)의 관계로 산정되며, 유량은 사업장의 조업시간에 반영된다. 이를 감안하여 「물환경보전법 시행령」[별표15]에 일일유량 산정방법을 제시하고 있다. 이 배출량은 사업장의 규모(「물환경보전법 시행령」[별표13])를 1종~5종 사업장까지 분류하는 종산정의 근거로 적용된다.

- 확정 배출량(kg) = 일일 평균 기준 이내 배출량 × 실제 조업일수

- 일일 평균 기준 이내 배출량
  = 일일 평균 배출량 - (방류수 수질기준 농도 × 일일 평균 유량)

- 일일 평균 배출량
  = 자가 측정한 일일오염물질 배출량 합계 ÷ 자가측정 횟수

- 일일오염물질 배출량
  = 측정 당시 배출농도 × 그 날의 폐수총량(일일유량)

- 일일유량 = 측정유량(L/min) × 일일 조업시간(min/day)

(단, 일일 조업시간 : 측정하기 전 최근 조업한 30일간의 배출시설의 조업시간 평균치)

> *공공하수처리시설의 일일유량 산정
> : 처리장 운영자가 1종 사업장부터 4종 사업장까지의 폐수량을 측정할 경우 측정폐수량을, 측정하지 않은 경우에는 1종 사업장부터 4종 사업장까지의 사업자가 배출시설 설치허가·변경허가를 받거나 설치신고·변경신고 시(규제 「물환경보전법」 제33조) 제출한 자료, 배출시설 및 방지시설의 운영기록부(「물환경보전법」 제38조제3항)와 행정기관의 검사결과(「물환경보전법」 제68조) 등을 기초로 산정됩니다.

- 일일 평균 유량 = 자가측정한 일일오염물질 배출량 합계 ÷ 자가측정 횟수

[표 6.1] 수질오염물질 배출 사업장 분류

종류	배출규모
제1종 사업장	1일 폐수배출량이 2,000 m^3 이상인 사업장
제2종 사업장	1일 폐수배출량이 700 m^3 이상, 2,000 m^3 미만인 사업장
제3종 사업장	1일 폐수배출량이 200 m^3 이상, 700 m^3 미만인 사업장
제4종 사업장	1일 폐수배출량이 50 m^3 이상, 200 m^3 미만인 사업장
제5종 사업장	위 제1종부터 제4종까지의 사업장에 해당하지 아니하는 배출시설

비고

1. 사업장의 규모별 구분은 1년 중 가장 많이 배출한 날을 기준으로 정한다.
2. 폐수배출량은 그 사업장의 용수사용량(수돗물·공업용수·지하수·하천수 및 해수 등 그 사업장에서 사용하는 모든 물을 포함한다)을 기준으로 다음 산식에 따라 산정한다. 다만, 생산 공정에 사용되는 물이나 방지시설의 최종 방류구에 방류되기 전에 일정 관로를 통하여 생산 공정에 재이용되는 물은 제외하되, 희석수, 생활용수, 간접냉각수, 사업장 내 청소용 물, 원료야적장 침출수 등을 방지시설에 유입하여 처리하는 물은 포함한다.

- 폐수배출량 = 용수사용량 - (생활용수량 + 간접냉각수량 + 보일러용수량 + 제품함유수량 + 공정 중 증발량 + 그 밖의 방류구로 배출되지 아니한다고 인정되는 물의 양) + 공정 중 발생량

3. 최초 배출시설 설치허가시의 폐수배출량은 사업계획에 따른 예상 용수사용량을 기준으로 산정한다.

6.2 수질오염물질의 배출허용기준

점오염원에서의 산업폐수 배출규제는 「물환경보전법 시행규칙」[별표13]에 배출허용기준을 적용하고 있다. (시행규칙 제34조관련)

6.2.1 공통기준

배출허용기준의 공통된 적용을 위한 지역구분은 [표 6.2]와 같다.

[표 6.2] 지역구분 적용에 대한 공통기준

1. 지역구분 적용에 대한 공통기준
가. 제2호 각 목 및 비고의 지역구분란의 청정지역, 가지역, 나지역 및 특례지역은 다음과 같다. 1) **청정지역** : 「환경정책기본법 시행령」 별표 1 제3호에 따른 수질 및 수생태계 환경기준(이하 "수질 및 수생태계 환경기준"이라 한다) 매우 좋음(Ⅰa)등급 정도의 수질을 보전하여야 한다고 인정되는 수역의 수질에 영향을 미치는 지역으로서 환경부장관이 정하여 고시하는 지역 2) **가지역** : 수질 및 수생태계 환경기준 좋음(Ⅰb), 약간 좋음(Ⅱ)등급 정도의 수질을 보전하여야 한다고 인정되는 수역의 수질에 영향을 미치는 지역으로서 환경부장관이 정하여 고시하는 지역 3) **나지역** : 수질 및 수생태계 환경기준 보통(Ⅲ), 약간 나쁨(Ⅳ), 나쁨(Ⅴ) 등급 정도의 수질을 보전하여야 한다고 인정되는 수역의 수질에 영향을 미치는 지역으로서 환경부장관이 정하여 고시하는 지역 4) **특례지역** : 공공폐수처리구역 및 시장·군수가 「산업입지 및 개발에 관한 법률」 제8조에 따라 지정하는 농공단지 나. 「자연공원법」 제2조제1호에 따른 자연공원의 공원구역 및 「수도법」 제7조에 따라 지정·공고된 상수원보호구역은 제2호에 따른 항목별 배출허용기준을 적용할 때에는 청정지역으로 본다. 다. 정상가동 중인 공공하수처리시설에 배수설비를 연결하여 처리하고 있는 폐수배출시설에 제2호에 따른 항목별 배출허용기준(같은 호 나목의 항목은 해당 공공하수처리시설에서 처리하는 수질오염물질 항목만 해당한다)을 적용할 때에는 나지역의 기준을 적용한다.

6.2.2 배출허용기준(항목별)

수질오염물질의 항목별 배출허용기준은 생물화학적산소요구량, 총유기탄소량, 부유물질량 등 기본항목과 페놀류 등 수질오염물질로 구분하여 적용하고 있다.

[표 6.3] 배출허용기준-항목별

2. 항목별 배출허용기준

가. 생물화학적산소요구량·화학적산소요구량·부유물질량

- 2020년 1월 1일부터 적용되는 기준

대상 규모 / 항목 / 지역구분	1일 폐수배출량 2천 세제곱미터 이상			1일 폐수배출량 2천 세제곱미터 미만		
	생물화학적 산소요구량 (mg/L)	총유기 탄소량 (mg/L)	부유 물질량 (mg/L)	생물화학적 산소요구량 (mg/L)	총유기 탄소량 (mg/L)	부유 물질량 (mg/L)
청정지역	30 이하	25 이하	30 이하	40 이하	30 이하	40 이하
가지역	60 이하	40 이하	60 이하	80 이하	50 이하	80 이하
나지역	80 이하	50 이하	80 이하	120 이하	75 이하	120 이하
특례지역	30 이하	25 이하	30 이하	30 이하	25 이하	30 이하

비고

1. 하수처리구역에서 「하수도법」 제28조에 따라 공공하수도관리청의 허가를 받아 폐수를 공공하수도에 유입시키지 않고 공공수역으로 배출하는 폐수배출시설 및 「하수도법」 제27조제1항을 위반하여 배수설비를 설치하지 않고 폐수를 공공수역으로 배출하는 사업장에 대한 배출허용기준은 공공하수처리시설의 방류수 수질기준을 적용한다.
2. 「국토의 계획 및 이용에 관한 법률」 제6조제2호에 따른 관리지역에서의 「건축법 시행령」 별표 1 제17호에 따른 공장에 대한 배출허용기준은 특례지역의 기준을 적용한다.
3. 특례지역(공공폐수처리구역의 경우로 한정한다) 내 폐수배출시설에서 발생한 폐수를 공공폐수처리시설에 유입하지 않고 공공수역으로 배출하는 사업장에 대한 배출허용기준은 공공폐수처리시설의 방류수 수질기준을 적용한다.

[표 6.3] 계속

2. 항목별 배출허용기준

나. 페놀류 등 수질오염물질

- 2021년 1월 1일부터 적용되는 기준

항 목 \ 지역 구분		청정 지역	가 지역	나 지역	특례 지역
수소이온농도		5.8~8.6	5.8~8.6	5.8~8.6	5.8~8.6
노말헥산추출물질함유량(㎎/L)	광유류	1 이하	5 이하	5 이하	5 이하
	동식물 유지류	5 이하	30 이하	30 이하	30 이하
페놀류함유량(㎎/L)		1 이하	3 이하	3 이하	5 이하
페놀(㎎/L)		0.1 이하	1 이하	1 이하	1 이하
펜타클로로페놀(㎎/L)		0.001 이하	0.01 이하	0.01 이하	0.01 이하
시안함유량(㎎/L)		0.2 이하	1 이하	1 이하	1 이하
크롬함유량(㎎/L)		0.5 이하	2 이하	2 이하	2 이하
용해성철함유량(㎎/L)		2 이하	10 이하	10 이하	10 이하
아연함유량(㎎/L)		1 이하	5 이하	5 이하	5 이하
구리(동)함유량(㎎/L)		1 이하	3 이하	3 이하	3 이하
카드뮴함유량(㎎/L)		0.02 이하	0.1 이하	0.1 이하	0.1 이하
수은함유량(㎎/L)		0.001 이하	0.005 이하	0.005 이하	0.005 이하
유기인함유량(㎎/L)		0.2 이하	1 이하	1 이하	1 이하
비소함유량(㎎/L)		0.05 이하	0.25 이하	0.25 이하	0.25 이하
납함유량(㎎/L)		0.1 이하	0.5 이하	0.5 이하	0.5 이하
6가크롬함유량(㎎/L)		0.1 이하	0.5 이하	0.5 이하	0.5 이하
용해성망간함유량(㎎/L)		2 이하	10 이하	10 이하	10 이하
플로오르(불소)함유량(㎎/L)		3 이하	15 이하	15 이하	15 이하
PCB함유량(㎎/L)		불검출	0.003 이하	0.003 이하	0.003 이하
총대장균군(群)수(㎖)		100 이하	3,000 이하	3,000 이하	3,000 이하

[표 6.3] 계속

2. 항목별 배출허용기준

지역 구분 / 항 목	청정 지역	가 지역	나 지역	특례 지역
색도(도)	200 이하	300 이하	400 이하	400 이하
온도(℃)	40 이하	40 이하	40 이하	40 이하
총질소(mg/L)	30 이하	60 이하	60 이하	60 이하
총인(mg/L)	4 이하	8 이하	8 이하	8 이하
트리클로로에틸렌(mg/L)	0.06 이하	0.3 이하	0.3 이하	0.3 이하
테트라클로로에틸렌(mg/L)	0.02 이하	0.1 이하	0.1 이하	0.1 이하
음이온계면활성제(mg/L)	3 이하	5 이하	5 이하	5 이하
벤젠(mg/L)	0.01 이하	0.1 이하	0.1 이하	0.1 이하
디클로로메탄(mg/L)	0.02 이하	0.2 이하	0.2 이하	0.2 이하
생태독성(TU)	1 이하	2 이하	2 이하	2 이하
셀레늄함유량(mg/L)	0.1 이하	1 이하	1 이하	1 이하
사염화탄소(mg/L)	0.004 이하	0.04 이하	0.04 이하	0.08 이하
1,1-디클로로에틸렌(mg/L)	0.03 이하	0.3 이하	0.3 이하	0.6 이하
1,2-디클로로에탄(mg/L)	0.03 이하	0.3 이하	0.3 이하	0.3 이하
클로로포름(mg/L)	0.08 이하	0.8 이하	0.8 이하	0.8 이하
니켈(mg/L)	0.1 이하	3.0 이하	3.0 이하	3.0 이하
바륨(mg/L)	1.0 이하	10.0이하	10.0 이하	10.0 이하
1,4-다이옥산(mg/L)	0.05 이하	4.0 이하	4.0 이하	4.0 이하
디에틸헥실프탈레이트(DEHP)(mg/L)	0.02 이하	0.2 이하	0.2 이하	0.8 이하
염화비닐(mg/L)	0.01 이하	0.5 이하	0.5 이하	1.0 이하
아크릴로니트릴(mg/L)	0.01 이하	0.2 이하	0.2 이하	1.0 이하
브로모포름(mg/L)	0.03 이하	0.3 이하	0.3 이하	0.3 이하

[표 6.3] 계속

2. 항목별 배출허용기준

지역 구분 / 항 목	청정 지역	가 지역	나 지역	특례 지역
나프탈렌(mg/L)	0.05 이하	0.5 이하	0.5 이하	0.5 이하
폼알데하이드(mg/L)	0.5 이하	5.0 이하	5.0 이하	5.0 이하
에피클로로하이드린(mg/L)	0.03 이하	0.3 이하	0.3 이하	0.3 이하
톨루엔(mg/L)	0.7 이하	7.0 이하	7.0 이하	7.0 이하
자일렌(mg/L)	0.5 이하	5.0 이하	5.0 이하	5.0 이하
퍼클로레이트(mg/L)	0.03 이하	0.3 이하	0.3 이하	0.3 이하
아크릴아미드(mg/L)	0.015 이하	0.04 이하	0.04 이하	0.04 이하
스티렌(mg/L)	0.02 이하	0.2 이하	0.2 이하	0.2 이하
비스(2-에틸헥실)아디페이트 (mg/L)	0.2 이하	2 이하	2 이하	2 이하
안티몬(mg/L)	0.02 이하	0.2 이하	0.2 이하	0.2 이하
주석(mg/L)	0.5 이하	5 이하	5 이하	5 이하

비고

1. 색도항목의 배출허용기준은 별표 4 제2호18)의 섬유염색 및 가공시설, 같은 호 19)의 기타 섬유제품 제조시설 및 같은 호 23)의 펄프·종이 및 종이제품(색소첨가 제품만 해당한다) 제조시설에만 적용한다.
2. 생태독성 배출허용기준은 물벼룩에 대한 급성독성시험을 기준으로 하며, 폐수배출시설에서 배출되는 폐수를 모두 공공폐수처리시설 또는 「하수도법」 제2조제9호에 따른 공공하수처리시설에 유입하여 처리하는 경우 해당 폐수배출시설에는 적용하지 않는다.
3. 생태독성 배출허용기준 초과의 경우 그 원인이 오직 염(산의 음이온과 염기의 양이온에 의해 만들어지는 화합물을 말한다. 이하 같다) 성분 때문으로 증명된 때에는 그 폐수를 다음 각 목의 어느 하나에 해당하는 방법으로 방류하는 경우에 한정하여 생태독성 배출허용기준을 초과하지 않는 것으로 본다.

가. 공공수역 중 항만·연안해역에 방류하는 경우

[표 6.3] 계속

2. 항목별 배출허용기준
나. 다음 시설에서 공공수역 중 항만·연안해역을 제외한 곳으로 방류하는 경우 1) 별표 4 제2호의 폐수배출시설 분류 중 3), 12), 14), 17)부터 20)까지, 23), 26), 27), 30), 31), 33)부터 40)까지, 46), 48)부터 50)까지, 54), 55), 57)부터 60)까지, 63), 67), 74), 75) 및 80)에 해당되는 폐수배출시설(2010년 12월 31일까지 설치허가 또는 변경허가를 받거나 설치신고 또는 변경신고를 한 폐수배출시설로 한정한다) 2) 1)에 해당되지 않는 폐수배출시설(2020년 12월 31일까지 설치허가 또는 변경허가를 받거나 설치신고 또는 변경신고를 한 폐수배출시설로 한정한다) 4. 제3호에 따른 생태독성 배출허용기준 초과원인이 오직 염 성분 때문이라는 증명에 필요한 첨부서류, 절차·방법 등에 관하여 필요한 사항은 국립환경과학원장이 정하여 고시한다. 5. 환경부장관은 「환경기술 및 환경산업 지원법」 제12조에 따라 한국환경공단이 수행하는 생태독성 기술지원을 제공할 수 있으며, 그 결과를 제출받을 수 있다. 6. 특례지역(공공폐수처리구역의 경우로 한정한다) 내 폐수배출시설에서 발생한 폐수를 공공폐수처리시설에 유입하지 않고 공공수역으로 배출하는 사업장에 대한 배출허용기준은 공공폐수처리시설의 방류수 수질기준을 적용하되, 방류수 수질기준 이외의 항목에 대해서는 해당 지역 구분에 따른 배출허용기준을 적용한다. 7. 위 표에도 불구하고 퍼클로레이트 항목은 별표 4 제2호31)의 기초무기화학물질 제조시설 및 같은 호 57)의 비철금속 제련, 정련 및 합금제조 시설의 경우에는 청정지역은 0.4 mg/L, 가지역, 나지역 및 특례지역은 4 mg/L의 기준을 적용한다. 8. 총대장균군 배출허용기준은 해당 사업장에서 배출된 폐수를 모두 공공폐수처리시설 또는 「하수도법」 제2조제9호에 따른 공공하수처리시설에 유입시키는 폐수배출시설에는 적용하지 않는다. 9. 하수처리구역에서 「하수도법」 제28조에 따라 공공하수도관리청의 허가를 받아 폐수를 공공하수도에 유입시키지 않고 공공수역으로 배출하는 폐수배출시설 및 「하수도법」 제27조제1항을 위반하여 배수설비를 설치하지 않고 폐수를 공공수역으로 배출하는 사업장에 대한 배출허용기준은 공공하수처리시설의 방류수 수질기준을 적용한다.

7장

물속의 부유물질(SS) 측정

수질오염이란 가정에서 쓰고 버리는 생활하수, 산업활동에 의한 산업폐수, 농촌의 농·축산폐수 등이 정화되지 않고 하천이나 호수로 유입되어 물을 오염시켜 각종 용수로 사용할 수 없게 되거나 생물의 서식에 심각한 피해를 줄 정도로 수질이 나빠지는 것을 말한다.

7.1 부유물질

부유물질(SS, Suspended Solids)은 수중에 현탁되어 있는 입자상의 고형물질을 의미한다. 물속에서 미세한 입자의 형태로 존재하는 고체상 물질로서 자연수에서는 주로 점토광물에 의해 발생되는 입경 2 mm 이하의 작은 입자로 물에 용해되지 않고 부유하는 물질이다. 물 속에서 부유하는 불용성 물질은 수질오염의 원인이 되며, 하천에 오니균을 형성하거나 유기성 부유물질의 경우는 부패하여 어류의 아가미에 부착되어 폐사시키고, 빛의 투과 방해로 식물의 광합성에 장애를 주어 오염을 증가시키기도 한다.

하수, 폐수처리 시스템의 각종 처리공정에 유입, 유출되는 부유물질 양을 측정하고 있다. 부유물질은 수질오염을 표시하고 평가하는 지표항목으로 쓰인다.

크기가 5 μm 이상인 것은 잘 가라앉으므로 침전(Precipitation)에 의해 제거가 가능한 침전가능 부유물이라 하고, 0.1~5 μm 범위의 것은 분산 상태를 유지하므로 응집(Flocculation)에 의해 침전시킬 수 있는 부유물이다.

물 속의 불순물을 입자크기에 따라 구분하면 다음과 같다.

- 용존물질(Dissolved Solids) : 직경이 0.001 μm 이하
- 콜로이드 물질(Colloid Matters) : 직경이 0.001~0.1 μm
- 부유물질(Suspended Solids) : 직경이 0.1 μm 이상

부유물질을 SS라고 하며, Suspended Solids의 약자로 해당 시료를 공극이 0.1 μm 인 여과지(Filter)에 걸러 약 105℃에서 건조한 후에 남아 있는 잔류물을 일컫는다. 이때의 SS는 총부유성고형물(TSS)이라고도 하는데 이것은 총고형물(TS)을 용존고형물과 불용성고형물로 나눌 때 불용성고형물을 가리키는 것이다.

SS물질은 다시 500~600℃에서 태우면 여과지에 남아있는 물질(재)과 휘발된 물질로 나눌 수 있으며, 남아있는 물질은 무기물질에 해당하는 강열잔류부유물질(FSS)이고, 휘발된 물질은 휘발성부유물질(VSS)이라 한다.

요약하면 〈그림 7-1〉과 같이 나타낼 수 있으며, 각각을 정리할 수 있다.

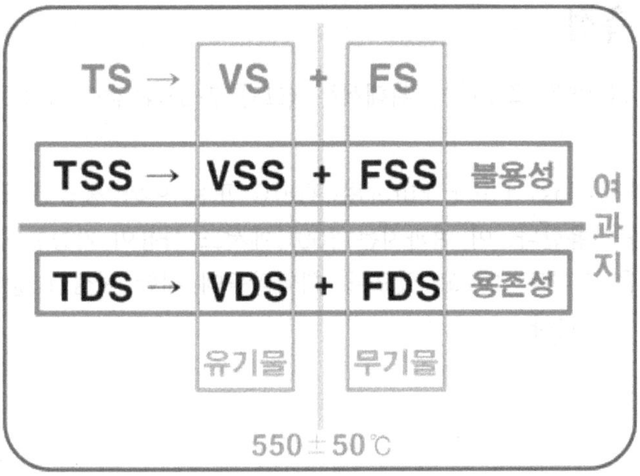

〈그림 7-1〉 고형물 성분간의 관계.

- 총 고형물(TS, Total solids)
- 휘발성 고형물(VS, Volatile solids)
- 강열잔류 고형물(FS, Fixed solids)

- 총 부유성 고형물(TSS, Total suspended solids)
- 휘발성 부유물(VSS, Volatile suspended solids)
- 강열잔류 부유물(FSS, Fixed suspended solids)

- 총 용존성 고형물(TDS, Total dissolived solids)
- 휘발성 용존 고형물(VDS, Volatile dissolived solids)
- 강열잔류 용존 고형물(FDS, Fixed dissolived solids)

7.2 부유물질 측정

부유물질(SS)의 양을 측정하기 위해서는 <그림 7-2>와 같이 고형물 여과장치를 사용하여야 한다.

유리섬유여과지(Glass Fiber Filter)는 GF/C 또는 이와 동등한 규격으로 지름 약 47 mm의 것을 사용한다. 이 여과지는 500℃에서도 사용이 가능한 높은 내열성과 유리재질의 특성을 그대로 가지고 있으며, 화학약품에 대한 내성이 강하고, 고온처리가 필요한 실험에 적합하다.

7.2.1 준비물

GF/C 여과지 및 여과장치, 시계접시, 알루미늄 호일, 핀셋(납작), 데시케이터, 건조기 등

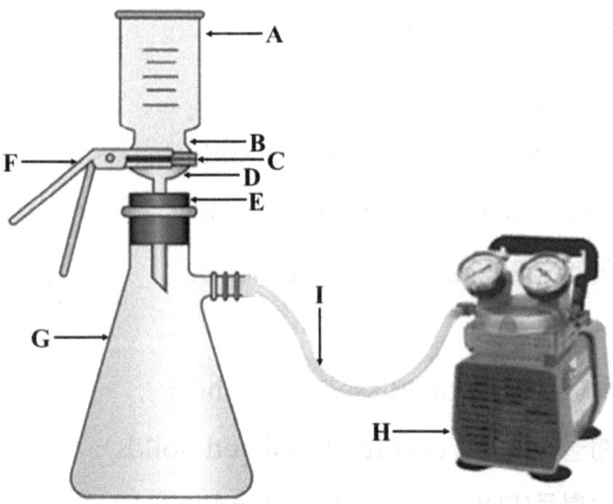

<그림 7-2> 고형물 여과장치.

7.2.2 실험순서

① 유리섬유여과지(GF/C)를 여과장치에 부착하여 미리 정제수 20 mL씩으로 3회 흡인여과하여 씻은 다음 시계접시 또는 알루미늄 호일 접시 위에 놓고 105~110℃의 건조기 안에서 2시간 건조시킨 후 데시케이터에 넣어 방랭한 다음 항량하여 무게를 정밀히 달고, 여과장치에 부착시킨다.

② 시료 적당량 (건조 후 부유물질로써 2 mg 이상)을 여과장치에 주입하면서 흡입

여과한다.

③ 시료 용기 및 여과장치의 기벽에 붙어있는 부착물질을 소량의 정제수로 씻어 내린 다음 즉시 여지상의 잔류물을 정제수 10 mL씩 3회 씻어주고 약 3분 동안 계속하여 흡입 여과한다.

④ 유리섬유여과지를 핀셋으로 주의하면서 여과장치에서 끄집어내어 시계접시 또는 알루미늄 호일 접시 위에 놓고 105~110 ℃의 건조기 안에서 2시간 건조시킨 후 데시케이터에 넣어 방치하고 냉각한 다음 항량으로 하여 무게를 정밀히 단다.

⑤ 여과 전·후의 유리섬유여과지의 무게차를 산출하여 부유물질의 양을 구한다.

7.2.3 농도계산

여과 전·후의 유리섬유여과지 건조무게의 차를 구하여 부유물질의 양(mg/L)으로 한다.

$$\text{부유물질}\,(mg/L) = (b-a) \times \frac{1,000}{V}$$

여기서,

a : 시료 여과 전의 유리섬유여지 무게(mg)

b : 시료 여과 후의 유리섬유여지 무게(mg)

V : 시료의 양(mL)

실 험 보 고 서

제출일 : 2025년 월 일

과목명		학번		성명	

❍ 실험날짜 : 2025년 월 일

1. 제목

2. 실험목적

3. 실험원리 및 이론

4. 실험방법

4.1 재료

4.2 장치

실험장치 각 기호의 명칭을 쓰시오.

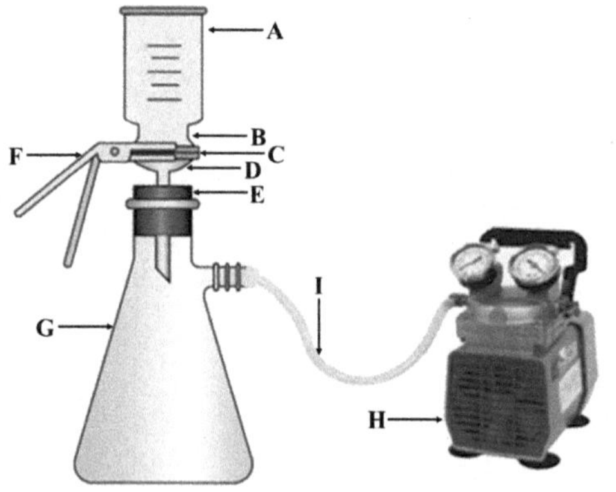

A	
B	
C	
D	
E	
F	
G	
H	
I	

4.3 방법

실험순서 등을 그림으로 표현하시오.

5. 결과 및 해석

5.1 실험 후 GF/C 여과지를 부착하시오.

(팀원 모두의 것을 사진촬영 후 붙여도 무방함.)

5.2 실험결과를 정리하시오.(팀원 모두)

분 류	GF/C 무게(mg)			시료량(mL)
	여과 전	여과 후	무게 차	
팀원 1				
팀원 2				
팀원 3				
팀원 4				
팀원 5				
평 균				

5.3 부유물질 농도를 계산하시오.(팀원 모두)

$$\text{부유물질}\ (mg/L) = (b-a) \times \frac{1,000}{V}$$

분 류	부유물질농도(mg/L)	비고
팀원 1		
팀원 2		
팀원 3		
팀원 4		
팀원 5		

6. 고찰

7. 결론

8. 참고문헌

【Q&A】부유물질(SS)

학번 : 성명 :

1. 폐수의 부유물질(SS)을 측정하였더니 1,312 mg/L이었다. 시료 여과 전 유리섬유여과지의 무게가 1.2113 g이고, 이때 사용된 시료량이 100 mL이었다면 시료 여과 후 건조시킨 유리섬유여과지의 무게(g)는 얼마인가?

2. 하수처리장에 유입되고 있는 하수의 부유물질(SS)을 측정하였다. 시료 여과전 여지의 무게는 1.111 g이었다. SS 측정법에 따라 시료 300 mL를 여과한 후 여지의 무게가 1.231 g이었다면 유입수의 부유물질 농도(mg/L)는 얼마인가?

3. 하수시료 100 mL를 가지고 부유물질을 측정한 결과 다음과 같은 결과를 얻었다. 전체 부유물질(건조된 고형물 기준) 중에서 휘발성 부유물질이 차지하는 무게%는 얼마인가?

> ▶ 용기의 무게 = 18.4623 g
>
> ▶ 건조시킨 후 : (용기+건조된 고형물) 무게 = 18.5112 g
>
> ▶ 휘발시킨 후 : (용기+재)의 무게 = 18.4838 g

4. 어느 하수처리장의 SS 제거에 대한 다음과 같은 분석결과를 얻었다. 이 처리장의 SS 제거율(%)은 얼마인가?

	유입수(input)	유출수(output)
시료부피(mL)	250	400
건조시킨 후(용기+SS)무게(g)	16.3542	17.2712
용기의 무게(g)	16.3143	17.2638

5. 어떤 폐수의 부유물질(SS)을 분석한 결과이다. 부유물질(SS)의 농도(mg/L)는 얼마인가?

◑ 여과지의 무게 : 1.7856 g

◑ 시료의 용량 : 200 mL

◑ 여과지와 건조고형물 무게 : 1.8623 g

6. 유량이 500 m^3/day인 생활하수의 고형물(SS)농도가 220 mg/L로 유입되는데, 체류시간이 2시간인 최초침전지에서 약 60%의 제거효율을 보였다. 이때 침전되어 발생하는 슬러지의 양(m^3/day)은 얼마인가? (단, 슬러지의 비중은 1.0이며, 함수율은 98%로서 SS만 고려함)

8장

철(Fe) 분석

8.1 철 발생원

철은 원자번호 26번이며 지각 중에서 두 번째로 많은 원소로 약 5% 존재한다. 환경 중에는 지표수에 1.5 mg/L 이하, 하천수에서 0.67 mg/L, 빗물에는 0.23 mg/L 존재한다.

철의 발생원으로 광산에서는 철광석의 용출, 갱내 용수, 폐석, 폐광 등의 폐수 중에서 발생되며, 제철공업에서는 산세정공정에서 금속철에 의한 용출로 산성폐수나 세정폐수에 혼입되고 있다. 철은 물속에서 용해성 철(Fe^{2+})로 존재하는 경우는 거의 없으며 $Fe(OH)_3$형태로 현탁되어 있다. 점토 등 유기물이 많은 물속에서는 휴민산염 등의 콜로이드성 유기착화합물로 존재한다. 철은 묽은 질산, 염산, 황산에는 쉽게 녹는다.

물속에 존재하는 철의 분석은 중량법, 용량법, 비색법, 원자흡광광도법 등의 방법이 있으나, 철 이온을 제일철로 환원한 다음, 등적색 철착염의 흡광도를 측정하는 방법이 쓰인다.

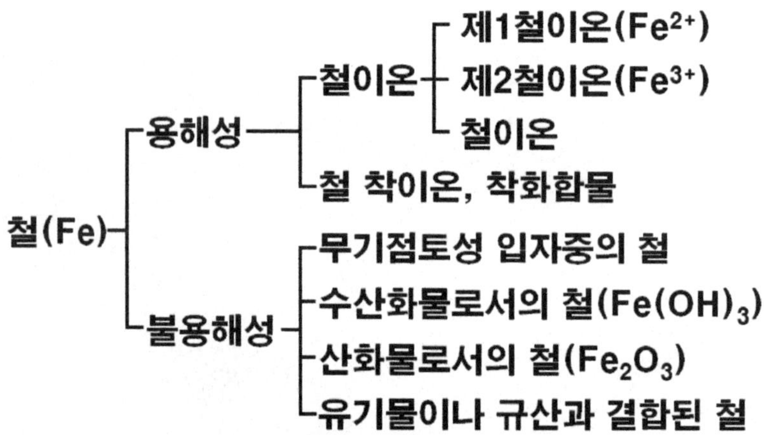

〈그림 8-1〉 자연중에 존재하는 철 이온의 분류.

8.2 적용 시험방법

물속에 존재하는 철 이온을 수산화제이철($FeO(OH)$)로 침전분리하고 염산하이드록실아민($NH_2OH \cdot HCl$)으로 제일철(Fe^{2+})로 환원한 다음, O-페난트로린을 넣어 약산성에서 나타나는 등적색 철착염의 흡광도를 510 nm 에서 측정하는 방법이다. 이 시험기준은 지표수, 지하수, 폐수 등에 적용할 수 있으며, 정량한계는 0.08 mg/L 이다.

Fe^{2+}과 O-페난트로린(Ortho-phenanthroline)은 pH 2~9의 범위에서 반응하여 생긴 등적색의 가용성 착체를 형성하며, 최고 발색에 도달하는 시간은 20~30분이 필요하므로 pH 3~5에서 빨리 완전히 발색하여 장시간 안정시킨다.

$$Fe^{2+} + 3C_{12}H_8N_2 \longrightarrow (C_{12}H_8N_2)_3Fe^{2+}$$

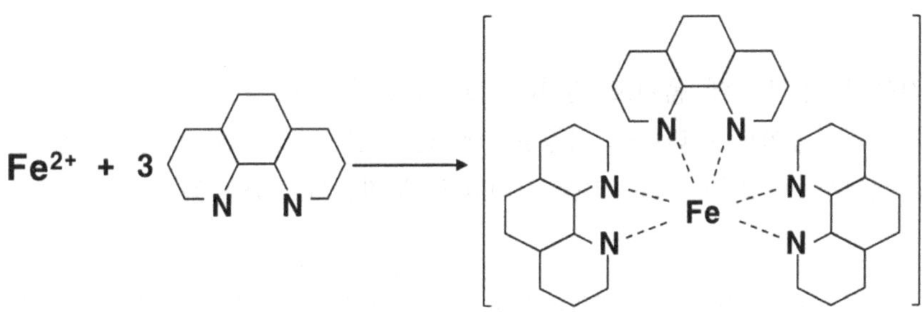

〈그림 8-2〉 철 이온의 발색 메커니즘.

8.3 지하수 중의 철(Fe) 분석

8.3.1 준비물

- 시약류

Ammonium acetate trihydrate($CH_3COONH_4 \cdot 3H_2O$)

Hydroxylamine hydrochloric acid($NH_2OH \cdot HCl$)

1,10-phenanthroline dihydrogen chloride($C_{12}H_8N_2 \cdot 2HCl$)

Ammonium iron(II) sulfate hexahydrate($Fe(NH_4)_2(SO_4)_2 \cdot 6H_2O$)

- 실험장치

흡광광도계 : 실험실내 UV-Vis Spectrophotometer의 작동원리를 사전에 숙지해야 함.

- 초자류

메스실린더, 부피플라스크, 피펫, 비이커 등

8.3.2 실험방법

① 전처리한 시료 적당량(철로서 0.5 mg 이하 함유)을 비커에 넣고 질산(1+1) 2 mL를 넣어 끓여 침전을 생성시킨다.

② 정제수를 넣어 50~100 mL로 하고 암모니아수(1+1)를 넣어 약알칼리성으로 한 다음 수분간 끓인다. 잠시 동안 방치하고 거른 다음 온수로 침전을 씻는다.(전처리 실험 ①, ②는 생략하고, 제조된 미지시료를 50 mL를 취하여 실험을 진행한다)

③ 침전을 원래 비커에 옮기고 염산(1+1) 6 mL를 넣어 가열하여 녹인다. 이 용액을 처음의 거름종이로 걸러내어 거름종이에 붙어있는 수산화제이철을 녹여내고 온수로 수회 씻어서 여과액과 씻은 액을 100 mL 부피플라스크에 옮긴다.

④ 정제수를 넣어 액량을 약 70 mL로 하고 염산하이드록실아민용액(10 W/V%) 1 mL를 넣어 흔들어 섞는다.

⑤ O-페난트로린용액(0.1%) 5 mL를 넣어 흔들어 섞고 아세트산암모늄용액(50 W/V%) 10 mL를 넣어 흔들어 섞은 다음 실온까지 식힌다. 정제수를 넣어 표선까지 채워 흔들어 섞은 다음 20분간 방치하여 시료 용액으로 한다.

⑥ 따로 정제수 50 mL를 취하여 시료의 시험방법에 따라 시험하여 바탕시험액으로 한다. 바탕시험액을 대조액으로 하여 층장 10 mm 흡수셀에 옮겨 510 nm에서 시료 용액의 흡광도를 측정하고 미리 작성한 검정곡선으로 부터 철의 양을 구하고 농도(mg/L)를 산출한다.

⑦ 미지시료는 철 표준용액 200 mL를 취한 후 정제수를 넣어 500 mL로 제조해서 사용한다.

8.3.3 농도계산

- 검정곡선의 작성

① 철 표준용액(0.01 mg-Fe/mL) 5, 10, 20, 40 mL를 단계적으로 취하여 100 mL 부피플라스크에 염산(1+1) 6 mL 넣어 제조한다.

② 단계적으로 제조한 검정곡선용 표준용액을 3.2 실험방법의 ④항에 따라 "정제수를 넣어 액량을 약 70 mL로 하고……"에 따라 시험한다.

③ 각 표준용액의 농도에 해당하는 흡광도를 측정하고 각각 표준용액 농도와 흡광도 간의 관계식을 작성한다.

- 농도계산

검정곡선은 표준용액의 농도에 대한 흡광도 높이로 작성한다. 미지시료의 농도(mg/L)는 표준용액의 흡광도 높이에 대한 시료의 흡광도 높이를 비교하여 계산한다.

$$C_{Fe}\,(mg/L) = \frac{(y-b)}{a}$$

여기서,

y : 시료의 흡광도

b : 검정곡선의 절편

a : 검정곡선의 기울기

실 험 보 고 서

제출일 : 2025년　　월　　일

과목명		학번		성명	

○ 실험날짜 : 2025년　　월　　일

1. 제목

2. 실험목적

3. 실험원리 및 이론

4. 실험방법

4.1 재료

4.2 장치

4.3 방법

실험순서 등을 그림으로 표현하시오.

5. 결과 및 해석

5.1 실험 후 표준용액 및 미지시료의 발색사진을 붙여주세요.

5.2 흡광도 측정결과

표준용액 (mL)	흡광도	비고
5		"Zero(0)"점 교정전 바탕시험액의 흡광도 : ______________
10		
20		
40		
미지시료		

5.3 검량곡선 작성-모눈종이 부착

6. 고찰

7. 결론

8. 참고문헌

【Q&A】 철(Fe) 분석

학번 : 성명 :

---

1. 지하수 중의 철(Fe) 농도를 측정하고자 흡광광도법(페난트로린법)을 적용하였는바, 이 측정원리를 설명하시오.

2. 실험방법 중 전처리 과정을 거쳐야 하는 이유를 설명하시오.

3. 실험방법 중 아세트산암모늄 용액의 역할을 쓰시오.

4. 다음 각 시약류의 제조방법을 쓰시오.

① 질산(1+1)

② 암모니아(1+1) 각 100 mL를 제조하시오.

③ 염산(1+1) 100 mL를 제조하시오.

④ 염산히드록실아민 용액(10W/V%) 1000 mL를 제조하시오.

⑤ O-페난트로린 용액(0.1W/V%) 100 mL를 제조하시오.

⑥ 아세트산암모늄 용액(50W/V%) 100 mL를 제조하시오.

⑦ 철 표준용액(0.01 mg-Fe/mL) 1,000 mL를 제조하시오.

5. 검량곡선으로부터 회귀직선식($Y = AX + B$) 및 상관계수(R)를 구하시오.

6. 채취시료(미지시료)의 농도를 계산하고, 과정을 쓰시오.

7. 미지시료를 분석한 결과를 이용하여 이 지하수 중의 철(Fe)의 농도를 0.3 mg/L이하로 낮추기 위한 처리시설의 처리효율(%)을 계산하시오.

9장

질산화시 요구되는 이론적 산소 요구량 산정(암모니아성 질소(NH_3-N)의 분석)

9.1 암모니아성 질소의 발생원

식물의 단백질 분해는 서서히 진행되기 때문에 이로 인한 암모니아성 질소의 생성량은 무시할 수 있을 정도로 적다. 그러나 식물의 밀생지대나 니탄질지대의 물은 다량의 암모니아성 질소와 유기질을 함유하는 경우가 많다. 또한 황산암모늄 등과 같은 암모니아성 질소를 함유한 비료가 용해되어 오염될 때도 있다.

암모니아성 질소는 아질산성(Nitrite) 질소(NO_2-N)로, 아질산성 질소는 질산성(Nitrate) 질소(NO_3-N) 형태로 산화한다. 식물성 플랑크톤은 자연계에 있는 N_2, HNO_3와 같은 무기질소를 고정하여 암모니아성 질소 또는 식물성 단백질을 생성하여 증식한다.

지표수와 지하수 속의 암모니아성 질소는 대부분이 유기적인 오염 특히 분뇨성 오염에 유래하지만 공장폐수의 경우는 그렇지 않다.

물속에 존재하는 암모니아성 질소는 동물의 배설물 중에서 유기성 화합물이 분해되면서 생성된다. 탄산암모늄이 다량 생성되는 것은 위생적으로 의의가 있다. 또한 뇨에서 기인하는 요소도 암모니아성 질소로 변화되기 쉬우므로 암모니아성 질소의 검출은 분뇨에 의한 수질오염을 나타낼 수 있다.

암모니아는 생물 성장의 영향, 관의 부식, 염소 소독의 문제에 관련하고 있어서 여러나라에서 용수에 있어 그 기준치를 정하고 있다. 암모니아성 질소가 어느 정도 이상 존재하면 헤모글로빈과 산소의 결합 작용이 방해를 받는다. 특히, 수돗물에서 이 암모니아성 질소가 골칫거리인 것은 소량의 암모니아성 질소에 대하여 대량의 염소가 필요하다는 것이며, 불연속점 염소처리장의 경우 암모니아성 질소의 약 10배 정도의 염소 주입이 필요하게 된다. 이 때문에 수도원수의 암모니아성 질소는 당연히 낮은 값을 유지하여야 한다.

물속에서 암모니아(NH_3)의 형태로 존재하는 것은 매우 적으며, 암모늄이온(NH_4^+) 또는 수산화암모늄(NH_4OH), 염화암모늄(NH_4Cl) 등의 형태로 된다.

$$NH_3 + H_2O \leftrightarrow NH_4OH \leftrightarrow NH_4^+ + OH^-$$

암모니아성 질소는 대부분 암모늄이온으로 존재하게 되며, pH 7.0이상으로 상승하면 암모니아 독성이 증가하게 된다. pH 상승에 따르는 암모니아(NH_3) 중독이 증가하며, pH 7.0이상일 때 pH 값이 1.0만 상승하면 암모니아 독성은 10배나 증가한다. 특히, 암모니아는 이온화된 암모늄보다 100배 이상의 독성이 있기 때문에 수질관리 담당자는 물속에서 pH 7.0 이하의 암모늄 상태로 유지하는게 중요하다.

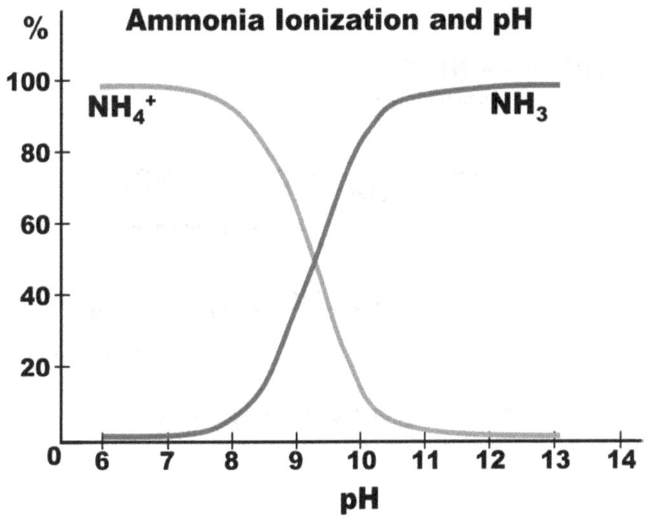

〈그림 9-1〉 pH와 암모니아 이온화 관계.

9.2 적용 시험방법

상수의 급수원으로 사용되는 저수지에 흘러 들어가는 어떤 하천에 미처리된 축산폐수가 유입되어 저수지의 부영양화가 가속화되는 것으로 판명되었다. 이에 대한 대책으로 유기물 뿐만 아니라 질소(N)와 인(P)까지도 효과적으로 처리할 수 있는 하수처리장 설치가 요구되고 있어 우선, 부영양화의 원인이 되는 하천의 암모니아성 질소를 측정하고자 한다.

물속에 존재하는 암모니아성 질소를 측정하기 위하여 암모늄이온이 하이포아염소산의 존재하에서 페놀과 반응하여 생성하는 인도페놀의 청색을 630 nm에서 측정하는 방법으로 지표수, 지하수, 폐수 등에 적용할 수 있으며, 자외선/가시광선 분광법에 의한 분석시 정량한계는 0.01 mg/L이다.

암모니아는 알칼리성(pH 10) 용액의 염소와 반응하여 일염화아민을 생성하고, 일염화아민은 Nitroprusside 이온의 촉매하에 무색의 페놀과 반응하여 청색의 인도페놀을 생성한다.

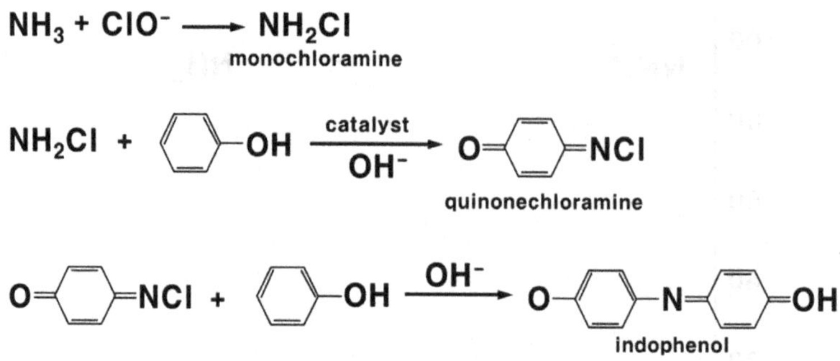

〈그림 9-2〉 암모니아성 질소의 발색 메커니즘.

9.3 물 속의 암모니아성 질소(NH_3-N) 분석

9.3.1 준비물

- 시약류
  - · Sodium nitroprusside dihydrate($Na_2Fe(CN)_5NO \cdot 2H_2O$)
  - · phenol(C_6H_5OH)
  - · Sodium hydroxide($NaOH$)
  - · Sodium hypochlorite($NaOCl$)
  - · Ammonium chloride(NH_4Cl)
  - · Sodium thiosulfate($Na_2S_2O_3 \cdot 5H_2O$)

- 실험장치

흡광광도계 : 실험실내 UV-Vis Spectrophotometer의 작동원리를 사전에 숙지해야 함.

- 초자류

메스실린더, 부피플라스크, 피펫, 비이커, 시험관 등

9.3.2 실험방법

① 전처리 또는 여과한 시료 2 mL(암모니아성 질소로서 0.04 mg이하 함유)를 취하여 50 mL 부피 플라스크에 넣고 정제수를 넣어 액량을 약 30 mL로 한다.

② 나트륨페놀라이트 용액 10 mL와 니트로프루시드나트륨 용액 1 mL를 넣고 조용히 섞는다.

> ➢ 나트륨페놀라이트 용액 100 mL 제조
>
> 페놀 12.5 g + 20% NaOH 27.5 mL + 아세톤 3 mL ⇒ 100 mL
>
> ➢ 니트로프루시드나트륨 용액 100 mL 제조
>
> 니트로프루시드나트륨 이수화물 0.15 g + 물(증류수) ⇒ 100 mL

③ 하이포아염소산나트륨 용액(암모니아성 질소 시험용) 5 mL를 넣어 조용히 섞는다.

> ➢ 10% 하이포아염소산나트륨 100 mL 제조
>
> $$10\%\,NaOCl = \frac{NaOCl\text{-}10\,g}{NaOCl\text{-}100\,mL} \mid \frac{Cl\text{-}35.45\,g}{NaOCl\text{-}74.4\,g} = \frac{Cl\,4.76\,g}{NaOCl\text{-}100\,mL}$$
>
> 유효염소 1 g에 해당하는 mL수를 계산하면, $\frac{Cl\text{-}1g}{NaOCl\text{-}21\,mL}$
>
> ∴100 mL 부피 플라스크에 10%-$NaOCl$ 용액 21 mL를 취한 후, 증류수로 표선까지 채운다.

④ 정제수를 넣어 표선까지 채운 다음 용액의 온도를 20~25℃로 하여 약 30분간 방치하고, 이 용액의 일부를 층장 10 mm 흡수셀에 옮겨 검액으로 한다.

⑤ 따로 정제수 30 mL를 취하여 시료의 시험방법에 따라 시험하여 바탕시험액으로 한다. 바탕시험용액을 대조액으로 하여 630 nm에서 검액의 흡광도를 측정하고, 미리 작성한 검량선으로부터 암모니아성 질소의 양을 구하여 농도(mg/L)를 산출한다.

⑥ 미지시료는 암모니아성 질소 표준원액을 100 mL를 취한 후 정제수를 넣어 500 mL로 제조해서 실험방법 ①~④의 과정을 수행한다.

9.3.3 농도계산

- 검정곡선의 작성

① 암모니아성 질소 표준용액(0.005 mg-NH_3-N/mL) 0.5~10 mL를 단계적으로 부피 플라스크에 취하고, 정제수를 넣어 약 30 mL로 한다.(단, 표준용액의 양을 다르게 하여 3개 이상을 제조해야 한다)

② 이하 3.2 실험방법의 ②~④항의 방법에 따라 시험하여 암모니아성 질소의 양과 흡광광도와의 관계선을 작성한다.

③ 또한, 회귀직선식과 그에 따른 상관계수(R)를 구한다.

- 농도계산

검정곡선은 표준용액의 농도에 대한 흡광도 높이로 작성한다. 미지시료의 농도는 표준용액의 흡광도 높이에 대한 시료의 흡광도 높이를 비교하여 계산한다.

$$\text{암모니아성 질소}(mg/L) = \frac{(y-b)}{a} \times I$$

여기서, y : 시료의 흡광도

b : 검정곡선의 절편

a : 검정곡선의 기울기

I : 시료의 희석배수

실 험 보 고 서

제출일 : 2025년　　월　　일

과목명		학번		성명	

○ 실험날짜 : 2025년　　월　　일

1. 제목

2. 실험목적

3. 실험원리 및 이론

4. 실험방법

4.1 재료

4.2 장치

4.3 방법

실험순서 등을 그림으로 표현하시오.

5. 결과 및 해석

5.1 실험 후 표준용액 및 미지시료의 발색사진을 붙여주세요.

5.2 흡광도 측정결과

표준용액 (mL)	흡광도	비고
1		“Zero(0)”점 교정전 바탕시험액의 흡광도 : ____________
2		
5		
10		
미지시료		

5.3 검량곡선 작성-모눈종이 부착

6. 고찰

7. 결론

8. 참고문헌

【Q&A】암모니아성 질소(NH3-N) 분석

학번 : 성명 :

1. 암모니아성 질소(NH_3-N)의 측정원리를 기술하시오.

2. 나트륨페놀라이트 용액의 역할을 쓰시오.

3. 니트로프루시드나트륨 용액의 역할을 쓰시오.

4. 검량곡선으로부터 회귀직선식($Y = AX + B$) 및 상관계수(R)를 구하시오.

5. 다음 각 시약류의 제조방법을 쓰시오.

① 20%-$NaOH$ 100 mL를 제조하시오.

② 암모니아성 질소 표준원액(0.1 mg-NH_3-N/mL) 1000 mL를 제조하시오.

③ 0.5M-H_2SO_4 100 mL를 제조하시오.

6. 채취시료(미지시료)의 농도를 계산하고, 과정을 쓰시오.

7. 미지시료를 하천의 오염도 측정을 위한 채취시료로 가정하고, 제시된 실험방법에 따라 시료에 존재하는 암모니아성 질소 농도를 측정한 후 하수처리장에서 암모니아성 질소가 완전히 질산화하는데 요구되는 이론적 산소요구량(kg/day)을 질산화 반응식을 이용하여 구하시오. (단, 하천의 유량은 1,000 m^3/day 이고, 하수처리장의 규모는 하천유량의 약 70%를 처리할 수 있다.)

10장

하수처리장 유출수의 총인(T-P) 분석

10.1 인(P)의 발생원

식물과 동물같은 복합 유기체들은 DNA, RNA, ATP 및 인지질을 구성하는 인(P)이 필요하다. 또한, 인은 세제, 살충제 및 비료 등에 포함되기 때문에 하수, 폐수 등의 배출 시 인을 제거하지 않고 수계로 방류하게 되면 조류(藻類) 및 생물의 성장을 가속화할 수 있다. 이는 부영양화와 녹조현상으로 이어져 용존산소량을 감소시키고, 결국 물고기와 수생생물들은 산소결핍에 이르고 서식지가 파괴될 것이다.

총인은 식물과 조류의 성장에 필요한 영양소 중 하나이지만, 물속에서 너무 높은 농도일 경우에는 수역의 심각한 영향을 미치게 된다. 또한, 식수나 수영장 물과 같은 일부 경우에는 높은 수준의 총인이 인체건강, 특히 유아와 임산부에게 해를 끼칠 수 있도 있다.

물 속의 총인 공급원으로 일상 생활환경, 농업활동, 산업환경 등 매우 다양한 요인들이 있다.

생활하수에는 공공건물 하수, 주거용 가정하수, 하수구로 배출되는 산업하수 등이 있으며, 인 함유 세탁제품, 사람 배설물, 생활 쓰레기 등의 사용에 기인한다. 세탁세제를 만드는 원료는 대부분 염기성 성분이며, 세척력을 높이기 위해서 계면활성제, 세정보조제, 표백제, 효소 등을 사용하고 있다. 세제성분 중 트리폴리인산나트륨($Na_5P_3O_{10}$), 피로인산나트륨($Na_6P_4O_{13}$), 유리같은 폴리인산아인산염($(NaPO_3)_n$) 등이 대표적인 인 함유물질이다.

농업생산 활동에서 주로 화학비료의 과도한 사용으로 인해 발생되는 경우도 많으며, 화학비료에 함유된 인은 빗물이나 농업용수로를 통해서 수역으로 유입된다. 인산비료의 과도한 사용은 자원낭비를 초래할 뿐만 아니라, 과잉 인비료로 인하여 지표면 유출을 통해서 수원을 오염시키는 원인이 된다. 인은 식물성장에 중요한 3대 영양소인데 흙에서 이동성이 낮아 잔류되는 성질이 있다. 인산비료의 원료는 인회석 광물(인광석)로 산성의 흙용액에서 반응하여 칼슘과 인산이온으로 분해되어 식물에 흡수되는데, 이 때 수소이온이 인산이온과 반응하여 인산(H_3PO_4)이 된다.

산업생산활동에서 발생되는 폐수는 접근 수역에 과도한 인을 공급하는 주요 요인 중 하나이다. 산업폐수는 오염물질 농도가 높고, 오염물질의 종류가 다양하며, 분해가 어렵고, 구성성분이 복잡한 특성을 가지고 있다. 산업폐수를 처리하지 않고 직접 방류할 경우 수역에 큰 영향을 미치게 되며, 환경과 주민의 건강에 악영향을 주게 된다.

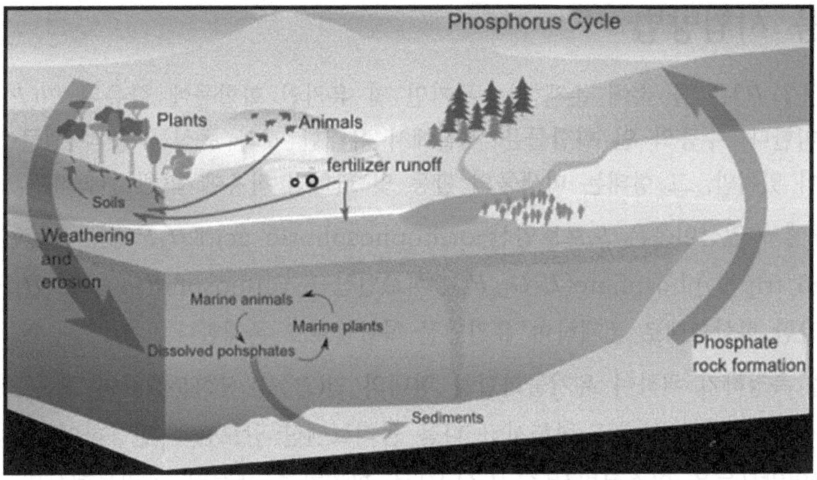

〈그림 10-1〉 인(P)의 Sources and Sinks 순환.

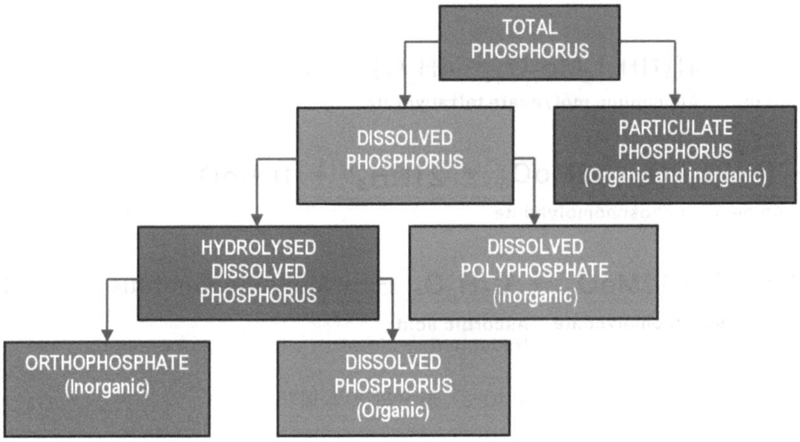

〈그림 10-2〉 하 · 폐수내 인산염의 다양한 형태.

10.2 적용 시험방법

총인(T-P)은 물 속에 존재하는 무기인 및 유기인 화합물에 함유된 인(P)의 총량을 의미한다. 수중의 인 화합물은 지질에서 유래한 것과 동식물 등의 생물에서 유래한 것이 있지만, 그 형태는 미생물의 활동 및 화학적 작용에 의해 변화하기 쉽다.

수중에서 인산이온은 오르토인산-orthophosphoric acid(H_3PO_4), 축합인산-trihydrogen tripolyphosphate($H_3O_{10}P_3$), 피로인산-pyrophosphoric acid($H_4P_2O_7$) 등의 다양한 화학형태로 존재하며 유기인산 화합물로도 존재한다.

인을 측정하기 위하여 유기물화합물 형태의 인(P)을 산화분해하여 모든 인 화합물을 인산염(PO_4^{3-}) 형태로 변화시킨 다음 몰리브덴산 암모늄과 반응하여 생성된 몰리브덴산인암모늄을 아스코빈산($C_6H_8O_6$)으로 환원하여 생성된 몰리브덴산의 흡광도를 880 nm 에서 측정하여 총인(T-P)의 양을 측정할 수 있다. 지표수, 지하수, 폐수 등에 적용할 수 있으며, 정량한계는 0.005 mg/L이다.

$$\underset{\text{Phosphate}}{PO_4^{3-}} + \underset{\text{Ammonium molybdate tetrahydrate}}{4[(NH_4)_6Mo_7O_{24} \cdot 4H_2O]} + 24H^+$$

$$\longrightarrow \underset{\text{Ammonium phosphomolybdate}}{(NH_4)_3PO_4 \cdot 12MoO_3} + 21NH_4^+ + 16MoO_3 \cdot H_2O + 12H_2O$$

$$\underset{\text{Ammonium phosphomolybdate}}{(NH_4)_3PO_4 \cdot 12MoO_3} + \underset{\text{Ascorbic acid (reductant)}}{C_6H_8O_6} \longrightarrow \text{Molybdenum blue} + C_6H_8O_6$$

〈그림 10-3〉 총 인의 발색 메커니즘.

10.3 하수처리장 유출수의 총인(T-P) 분석

10.3.1 준비물

- 시약류

  · Ammonium molybdate tetrahydrate($(NH_4)_6Mo_7O_{24}\cdot 4H_2O$)

  · Potassium antimonyl tartrate($K(SbO)C_4H_4O_6\cdot 1/2H_2O$)

  · Ammonium sulfamate($NH_4OSO_2NH_2$)

  · L-ascorbic acid($C_6H_8O_6$)

  · Sodium hydroxide($NaOH$)

  · potassium dihydrogen phosphate(KH_2PO_4)

  · Potassium persulfate($K_2S_2O_8$)

  · p-nitrophenol($C_6H_5NO_3$)

- 실험장치

  흡광광도계 : 실험실내 UV-Vis Spectrophotometer의 작동원리를 사전에 숙지해야 함.

- 초자류

  메스실린더, 부피플라스크, 피펫, 비이커, 시험관 등

10.3.2 실험방법

① 시료의 전처리 : 미지시료의 전처리과정은 과황산칼륨 분해방법 중 일부만을 적용한다.

> ➢ 과황산칼륨 분해
>
> 시료 50 mL(인으로 0.06 mg 이하 함유)를 플라스크에 넣고 과황산칼륨용액(4 W/V%, 본 전처리에서는 증류수로 대체한다) 10 mL를 넣어 마개를 닫고 섞은 다음. [고압증기멸균기에 넣고 가열한다. 약 120℃가 될 때부터 30분간 가열분해하고, 분해병을 꺼내어 방랭한다.(생략부분)]

② 전처리한 시료의 상등액 25 mL를 정확히 취하여 50 mL 또는 100 mL 부피 플라스크에 넣고 몰리브덴산암모늄-아스코르빈산혼액 2 mL를 넣어 흔들어 섞은 다음 15분간 방치한다.

> ➢ 몰리브덴산암모늄-아스코르빈산혼액 제조
>
> 몰리브덴산암모늄(4수화물) 1.2 g과 주석산안티몬칼륨 0.048 g을 정제수 약 60 mL에 녹이고, 황산(2+1) 24 mL와 술퍼민산암모늄 1 g을 넣어 녹인 다음 정제수를 넣고 100 mL로 한다. 여기에 7.2% L-아스코르빈산 용액 20 mL를 넣어 섞는다.

③ 이 용액의 일부를 층장 10 mm 흡수셀에 옮겨 검액으로 한다.

④ 따로 정제수 50 mL를 취하여 시료의 시험방법에 따라 시험하여 바탕시험액으로 한다. 바탕시험용액을 대조액으로 하여 880 nm에서 검액의 흡광도를 측정하고, 미리 작성한 검량선으로부터 총인(T-P)의 양을 구한다.(단, 880 nm에서 흡광도 측정이 불가능할 경우에는 710 nm에서 측정한다.)

⑤ 미지시료는 인산염 인 표준용액을 12 mL를 취한 후 정제수를 넣어 100 mL로 제조해서 실험방법 ①~②의 과정을 수행한다.

10.3.3 농도계산

- 검정곡선의 작성

① 인산염 인 표준용액(0.005 mg-PO_4-P/mL) 0~20 mL를 단계적으로 100 mL 부피 플라스크에 취하고, 정제수를 넣어 표선을 채운다.(단, 표준용액은 바탕용액을 제외하고 3개 이상 제조해야 하며, 필요에 따라 사용하는 표준용액의 양을 달리 할 수 있다.)

② 이하 3.2 실험방법의 ②~③항의 방법에 따라 시험하여 인(P)의 양과 흡광광도와의 관계선을 작성한다.

③ 또한, 회귀직선식과 그에 따른 상관계수(R)를 구한다.

- 농도계산

검정곡선은 표준용액의 농도에 대한 흡광도 높이로 작성한다. 미지시료의 농도는 표준용액의 흡광도 높이에 대한 시료의 흡광도 높이를 비교하여 계산한다.

➤ 과황산칼륨 분해한 경우

$$T\text{-}P\ (mg/L) = a \times \frac{60}{25} \times \frac{1,000}{50}$$

여기서, a : 검정곡선으로부터 구한 인의 양(mg)

60 : 시료(50)와 과황산칼륨(10)의 합친 양(mL)

25 : 총 시료량 60 중에 비색관에 취한 양(mL)

50 : 전처리에 사용한 시료의 양(mL)

실 험 보 고 서

제출일 : 2025년 월 일

과목명		학번		성명	

○ 실험날짜 : 2025년 월 일

1. 제목

2. 실험목적

3. 실험원리 및 이론

4. 실험방법

4.1 재료

4.2 장치

4.3 방법

실험순서 등을 그림으로 표현하시오.

5. 결과 및 해석

5.1 실험 후 표준용액 및 미지시료의 발색사진을 붙여주세요.

5.2 흡광도 측정결과

<table>
<tr><th>표준용액
(mL)</th><th>흡광도</th><th>비고</th></tr>
<tr><td>5</td><td></td><td rowspan="5">"Zero(0)"점 교정전
바탕시험액의 흡광도
: ____________</td></tr>
<tr><td>10</td><td></td></tr>
<tr><td>15</td><td></td></tr>
<tr><td>20</td><td></td></tr>
<tr><td>미지시료</td><td></td></tr>
</table>

5.3 검량곡선 작성-모눈종이 부착

6. 고찰

7. 결론

8. 참고문헌

【Q&A】총인(T-P) 분석

학번 : 성명 :

1. 총인(T-P)의 측정원리를 기술하시오.

2. H_2SO_4(2+1) 100 mL를 제조하시오.

3. 7.2% L-아스코르빈산 용액 50 mL를 제조하시오.

4. 검량곡선으로부터 회귀직선식($Y = AX + B$) 및 상관계수(R)를 구하시오.

5. 인산염 인 표준원액($100\,mg\text{-}P/L$) 제조시 KH_2PO_4 0.439 g을 정확히 달아서 정제수에 용해시켜 1 L로 하는데, 이 때 사용한 인산이수소칼륨의 양 0.439 g은 어떻게 산출된 것인지 쓰시오.

6. 채취시료(미지시료)의 농도를 계산하고, 과정을 쓰시오.

7. 공공하수처리장의 방류수 중의 총인($T\text{-}P$) 농도를 측정하니, 약 $2\,mg/L$로 분석되었다. 이 하수처리장은 생물학적 고도처리를 도입하여 처리효율 97%에서 안정적으로 운영 중이라면 유입되는 하수의 총인 농도는 얼마인가?

11장

질산화 및 탈질화 공정계획을 위한 총 질소(T-N)의 분석

11.1 총 질소 발생원

총질소(Total Nitrogen)는 물 속에 존재하는 암모니아성 질소(NH_3-N), 아질산성 질소(NO_2-N), 질산성 질소(NO_3-N) 등 무기성 질소 및 단백질 아미노산, 폴리펩티드, 요소 등의 유기질소를 모두 포함한다. 동물과 식물에서 유래하고 있기때문에 모든 물에 포함되어 있다.

$$T\text{-}N : Total\ kjeldahl\text{-}N(Org.\text{-}N + NH_3\text{-}N) + NO_2\text{-}N + NO_3\text{-}N$$

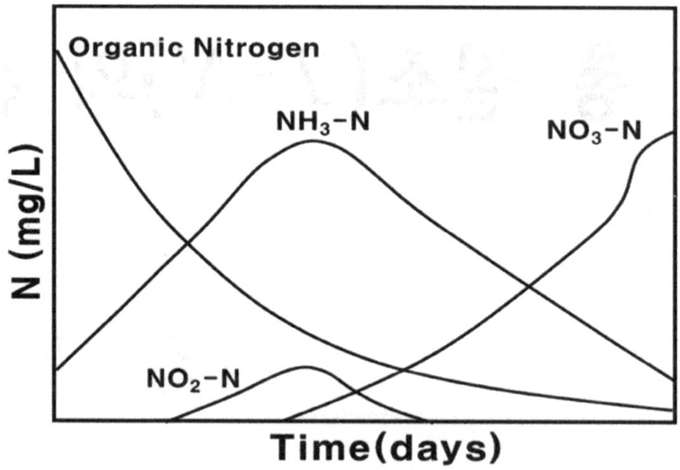

〈그림 11-1〉 호기성 下에서 오수중 질소 성분의 변화.

- 유기질소(Organic Nitrogen)

질소가 탄소와 함께 결합된 물질로서 단백질, 아미노산 및 핵산 등이 해당되며, 유기질소는 분자량이 커서 세균의 세포막으로 이동되지 못하여 직접 세균의 먹이가 될 수 없고 가수분해되어 섭취된다.

- 총킬달질소(TKN, Total Kjeldahl Nitrogen)

유기물질이 분해되어 암모니아 형태로 발생된 질소와 원래 존재하던 암모니아 질소와의 합을 킬달질소라고 한다. 즉, 유기질소와 암모니아성 질소의 합을 의미한다.

- 암모니아성 질소(NH_3-N)

유기질소가 가수분해되어 생성된다. 미생물의 동화작용으로 세포질의 성분이 되며, 이화작용으로 질산성질소로 질산화되고 탈질반응에 의해 질소가스로 전환되어 최종 제거된다.

- 질산성 질소(NO_3-N)

암모니아성 질소가 독립영양 미생물의 이화작용으로 질산화되어 생성된다. 이는 종속영양 미생물에 의해 탈질되어 최종 제거된다.

우리의 일상생활에는 대부분이 유기성질소(Organic Nitrogen) 형태로 물에 들어간다. 유기성질소는 유기물에 질소가 붙어 있는 것을 의미한다.

물고기에 사료를 주면 물기는 다 먹지 못하고 남는 사료는 분자식을 보면 $C-H-O-N$ 등이 주요성분을 구성하고 있다. 이 단백질이 물속에서 질소형태로 바뀌면 유기성질소가 된다. 유기성질소가 물에 녹으면 암모니아성 질소가 되며, 미생물이 C를 먹으므로 암모니아성 질소가 된다.

질산화는 암모니아를 아질산염으로 그리고 최종적으로 질산염으로 두 단계의 생물학적 산화에 의한 것이다. 탈질화는 질산염이 궁극적으로 분자형태의 질소를 생산하기 위해 줄어드는 동안 미생물적으로 촉진되는 과정이다.

자연계에서 질소는 순환하게 되는데 미생물과 효소가 관여하는 호기성분해에 의하여 변천과정을 거치며, 암모니아성 질소 → 아질산성 질소 → 질산성 질소 형태로 산화한다. 유기성 질소는 호기성균에 의하여 분해되어 안정한 질소화합물로 변하는 것이다. 그 속도는 자연계에 비하여 인공의 수처리계에서 매우 빠르게 진행될 수 있다. 하수처리장의 활성슬러지공법에 의하면 10~20시간에 이와같은 질산화(Nitrification)가 어느 정도 달성되고, 질산화균의 활동을 높이면 보다 빨라질 수 있다. 인위적인 수처리 조작에서 총질소의 감소를 유도할 수 있는데, 혐기성 분해가 이루어지는 상황에서도 질산환원균, 아질산환원균, 탈질균 등이 작용하여 활동하므로 시간이 경과함에 따라 총질소는 감소하게 된다. 따라서 총질소를 측정하는 것은 중요한 의미가 있으며, 수처리의 조작뿐만 아니라 호소와 해양의 부영양화 억제 혹은 생태계의 제어에 중요한 지표가 된다.

질산화/탈질화는 폐수처리 과정에서 가장 널리 사용되고 있으며, 질산화/탈질화에는 미생물이 관여하고 있다.

질산화 미생물로 Nitrosomonas와 Nitrobacter, 그리고 탈질화 미생물로는 Pseudomonas와 Bacillus로 알려져 있다.

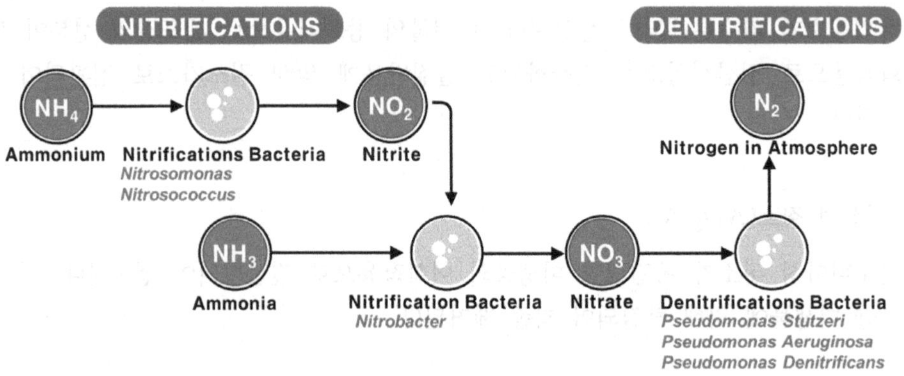

〈그림 11-2〉 Nitrogen fixation method by industrial, chemical, biological.

암모니아를 아질산성 질소로 변환시키는 종류는 주로 Nitrosomonas이고, 질산성 질소로 변화시키는 종류는 Nitrobacter이다.

암모니아성 질소와 아질산성 질소가 질산성 질소로 산화되면서 발생하는 에너지는 질산화 박테리아의 성장을 위한 세포합성을 위해 사용된다. 암모니아가 질산으로 변화되는 과정을 화학식으로 나타내면 다음과 같다.

$$Nitrosomonas \quad : NH_4^+ + 1.5O_2 \rightarrow NO_2^- + H_2O + 2H^+$$

$$Nitrobacter \quad : NO_2^- + 0.5O_2 \rightarrow NO_3$$

$$Total\ Nitrification \quad NH_4^- + 2O_2 \rightarrow NO_3^- + H_2O + 2H^+$$

탈질작용(Denitrification)은 미생물에 의해 질산성 질소가 질소가스(N_2)로 환원되는 작용을 지칭한다. 탈질작용은 미생물이 산소가 부족하면 질산(NO_3)에 포함되어 있는 산소를 빼내 이용하므로 질산은 산소를 잃고, 질소가스로 환원되어 대기 중으로 방출되는 것이다.

탈질작용에 관여하는 미생물은 많은 종류가 있으나 대표적인 미생물로는 Pseudomonas와 Bacillus가 있다. 한편, 탈질 미생물들은 종속 영양균에 속하므로 성장을 위해 외부로부터 영양분(탄소)을 공급받아야 하는데 외부 탄소원으로 사용 가능한 물질들은 메탄올, 아세트산, 메탄, 하수 등 유기물이 있다.

외부 탄소원별 화학반응식은 다음과 같다.

- 메탄올

$$5CH_3OH + 6NO_3^- \rightarrow 3N_2 + 5CO_2 + 7H_2O + 6OH^-$$

- 아세트산

$$5CH_3COOH + 8NO_3^- \rightarrow 4N_2 + 10CO_2 + 6H_2O + 8OH^-$$

- 메탄

$$5CH_4 + 8NO_3^- \rightarrow 4N_2 + 5CO_2 + 6H_2O + 8OH^-$$

- 하수

$$C_{10}H_{19}O_3N + 10NO_3^- \rightarrow 5N_2 + 10CO_2 + 3H_2O + NH_3 + 10OH^-$$

전통적으로 질화/탈질화 결합공정은 폐수로부터 질소를 제거하기 위해 널리 사용되는 공정이다. 그러나 이 결합공정은 많은 양의 산소 및 탄소원을 필요로 한다.

최근에는 생물학적 질소 제거에 있어서 질산염($NH_4^+ \rightarrow NO_3^- \rightarrow N_2$)을 통한 질소 제거에서 아질산염($NH_4^+ \rightarrow NO_2^- \rightarrow N_2$)을 통한 질소 제거로 전환되고 있다. 기존의 질산염 경로와 비교하여 아질산염 경로는 아나목스(anammox)를 통해 질소가스(N_2O, N_2)로 환원되는 것으로 탄소원 수요를 최소 40% 절약할 수 있고, 산소요구량의 25%를 감소시킬 수 있으며, 탈질 속도를 63% 향상시킬 수 있는 장점을 제공하고 있다. 아질산염 경로를 통한 탈질은 생물막 시스템 및 활성슬러지 시스템과 같은 다양하게 적용되고 있다.

ANAMMOX 공정은 혐기성 암모니아 산화반응(anaerobic ammonium oxidation)의 약자이며 무산소 조건에서 일어나는 암모니아 산화과정으로 아나목스(anammox)균(Planctomycetes 등)을 이용해 혐기성 조건에서 암모늄은 전자수용체인 아질산염과 반응하여 질소가스로 전환하는 기술이다.

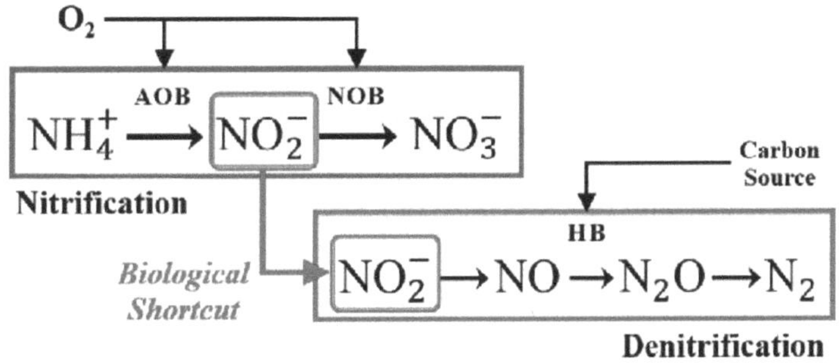

〈그림 11-3〉 질산화탈질공정(ANAMMOX 공정).

11.2 적용 시험방법

호소 및 하천 조류의 이상증식으로 인한 현상인 부영양화의 원인물질 중 하나인 질소화합물의 농도 측정방법으로서 물속에 존재하는 질소화합물인 유기질소와 무기질소 형태를 모두 합친 질소의 총량을 구한다.

시료 중 질소화합물을 [알칼리성 과황산칼륨($NaOH+K_2S_2O_8$)의 존재하에 고압증기멸균기(120℃)에서 유기물과 함께 분해하여 질산이온으로 산화시킨] 다음 산성에서 자외부 흡광도($220\,nm$)를 측정하여 질소를 정량하게 된다. 비교적 분해되기 쉬운 유기물을 함유하고 있거나, 자외부에서 흡광도를 타나내는 브롬이온이나 크롬을 함유하지 않은 시료에 적용되며, 킬달법에 비하여 유기물의 산화가 약한 단점이 있다. 지표수, 지하수, 폐수 등에 적용할 수 있으며, 정량범위는자외선/가시광선 분광법(산화법)에 의한 분석시 정량한계는 $0.1\,mg/L$이다.

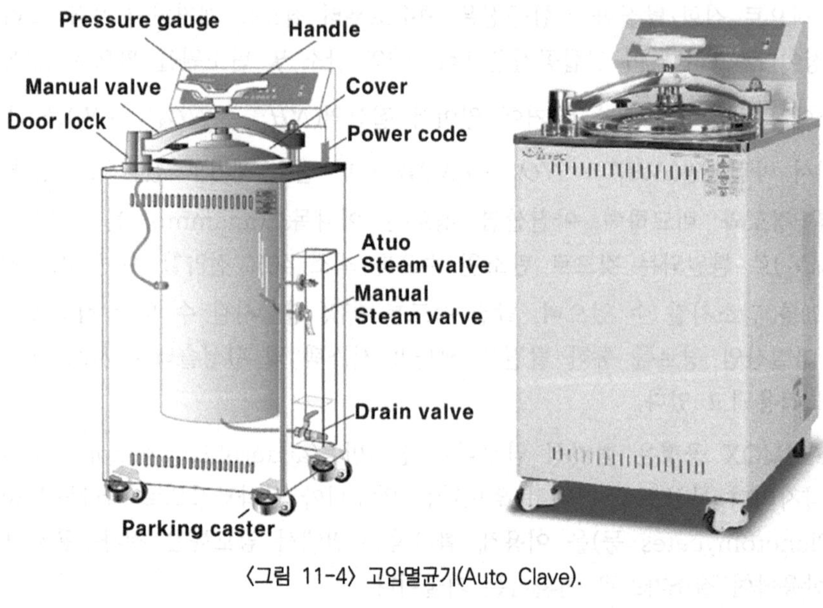

〈그림 11-4〉 고압멸균기(Auto Clave).

11.3 질산화/탈질화 공정의 총 질소(T-N) 분석

11.3.1 준비물

- 시약류

  · Sodium hydroxide($NaOH$)

  · Potassium persulfate($K_2S_2O_8$)

  · Hydrochloric acid(HCl)

  · Potassium nitrate(KNO_3)

- 실험장치

  흡광광도계 : 실험실내 UV-Vis Spectrophotometer의 작동원리를 사전에 숙지해야 함.

- 초자류

  메스실린더, 부피플라스크, 피펫, 비이커, 비색관 등

11.3.2 실험방법

① 시료의 전처리 : 미지시료의 전처리 과정은 과황산칼륨($K_2S_2O_8$) 분해 중 일부만 적용한다.

⇒ 시료 50 mL(질소함량이 0.1 mg 이상일 경우에는 희석)를 부피 플라스크에 넣고 알칼리성 과황산칼륨 용액 10 mL를 넣어 흔들어 섞는다.[다음은 고압증기멸균기에 넣고 가열한다. 약 120℃가 될 때부터 30분간 가열분해하고, 분해병을 꺼내어 방랭한다.(생략 시, 알칼리성 과황산칼륨 대신 정제수로 대체가능)]

> ➢ 알칼리성 과황산칼륨 용액 제조
> 정제수 100 mL에 $NaOH$ 4 g 녹인 후, 과황산칼륨 3 g을 녹인다.

② 전처리한 시료의 상등액 25 mL를 정확히 취하여 50 mL 또는 100 mL 부피 플라스크에 옮긴다.

③ 이 용액에 염산(1+16) 5 mL를 넣어 pH 2~3으로 하고, 이 용액의 일부를 층장 10 mm 흡수셀에 옮겨 검액으로 한다.(pH 2~3으로 맞추는 조작은 생략한다.)

④ 따로 정제수 50 mL를 취하여 시료의 전처리 시험방법에 따라 시험하고, 바탕시험액으로 한다.

⑤ 바탕시험액을 대표조액으로 하여 220 nm에서 검액의 흡광도를 측정하고 미리 작성한 검량선으로부터 총질소의 양을 구한다.

⑥ 미지시료는 질산성 질소 표준용액을 5 mL를 취한 후 정제수를 넣어 100 mL로 제조해서 실험방법 ①~③의 과정을 수행한다.

11.3.3 농도계산

(1) 검정곡선의 작성

① 질산성 질소 표준용액(0.02 mg-NO_3-N/mL) 0~10 mL를 단계적으로 100 mL 부피 플라스크에 취하고, 정제수를 넣어 표선을 채운다.(단, 표준용액은 바탕용액을 제외하고 3개 이상 제조하며, 필요에 따라 사용하는 표준용액의 양을 달리할 수 있다.)

② 이 용액 25 mL씩을 정확히 취하여 각각 50 mL 비이커 또는 비색관에 넣고 염산(1+500) 5 mL를 넣은 다음 실험방법에 따라 시험하여 질소의 양과 흡광광도와의 관계선을 작성한다.

③ 또한, 회귀직선식과 그에 따른 상관계수(R)를 구한다.

(2) 농도계산

검정곡선으로부터 질소의 양을 구하여 다음 식으로 시료 중의 총 질소 농도를 산출한다.

$$T\text{-}N\,(mg/L) = a \times \frac{60}{25} \times \frac{1,000}{V}$$

여기서, a : 검정곡선으로부터 구한 질소의 양(mg)

V : 전처리에 사용한 시료의 양(mL)

실 험 보 고 서

제출일 : 2025년 월 일

과목명		학번		성명	

○ 실험날짜 : 2025년 월 일

1. 제목

2. 실험목적

3. 실험원리 및 이론

4. 실험방법

4.1 재료

4.2 장치

4.3 방법

실험순서 등을 그림으로 표현하시오.

5. 결과 및 해석

5.1 실험 후 표준용액 및 미지시료의 발색사진을 붙여주세요.

5.2 흡광도 측정결과

<table>
<tr><th>표준용액
(mL)</th><th>흡광도</th><th>비고</th></tr>
<tr><td>2</td><td></td><td rowspan="5">“Zero(0)”점 교정전
바탕시험액의 흡광도
: ____________</td></tr>
<tr><td>4</td><td></td></tr>
<tr><td>8</td><td></td></tr>
<tr><td>10</td><td></td></tr>
<tr><td>미지시료</td><td></td></tr>
</table>

5.3 검량곡선 작성-모눈종이 부착

6. 고찰

7. 결론

8. 참고문헌

【Q&A】총 질소(T-N) 분석

학번 : 성명 :

1. 총질소(T-N)의 측정원리를 기술하시오.

2. 검량곡선으로부터 회귀직선식($Y = AX + B$) 및 상관계수(R)를 구하시오.

3. 질산성 질소 표준원액(100 mg-NO_3-N/L) 1,000 mL 제조방법을 쓰시오.

4. 질산성 질소 표준용액은 문제3번에서 제조한 표준원액을 희석하여 제조할 수 있으며, 표준용액의 농도 20 mg-NO_3-N/L를 만족할 수 있도록 표준용액 100 mL를 제조하시오.

5. 다음 각 시약류의 제조방법을 쓰시오.

① HCl(1+16) 100 mL를 제조하시오.

② HCl(1+500) 100 mL를 제조하시오.

6. 채취시료(미지시료)의 농도를 계산하고, 과정을 쓰시오.

7. 공공하수처리장의 방류수 중의 총질소(T-N) 농도를 15 mg/L 이하로 유지하기 위하여 생물학적 고도처리를 수행하고 있다. 총질소 농도의 처리효율을 95%에서 안정적으로 운영 중이라면 유입되는 하수의 총질소 농도는 얼마인가?

12장

대기오염물질 발생량 산정

12.1 대기오염물질 배출원

대기환경관리를 위해 대기오염물질 배출량 산정 등을 법률로 규정하고 있으며, 대표적인 관련법률은 다음과 같다.

- 대기오염물질 배출원 및 배출량 조사(대기환경보전법 제17조)
- 국가미세먼지정보센터의 설치 및 운영(미세먼지 저감 및 관리에 관한 특별법 제 17조)
- 환경보전중기종합계획(환경정책기본법 제17조)
- 대기환경개선 종합계획의 수립(대기환경보전법 제11조)
- 대기오염물질 총량규제(대기환경보전법 제22조)
- 수도권 대기환경관리 기본계획의 수립·시행(수도권 대기환경개선에 관한 특별법 제8조)

국가 대기오염물질 배출량은 대기정책지원시스템(Clean Air Policy Support System, 이하 CAPSS)을 기반으로 산정하며 9개의 대기오염물질(CO, NOx, SOx, TSP, PM-10, PM-2.5, VOC, NH_3, BC)을 대상으로 한다.

CAPSS에 점·면·이동·자연오염원 등 배출원별로 배출계수, 활동도 및 산정방법을 반영하여 국가대기오염물질 배출량을 산정하고 있다.

- **점오염원**(Point Source) : 특정한 지점에서 지속적으로 발생하는 오염원
  연료연소로 구분되는 에너지산업 연소, 비산업 연소, 제조업 연소와 생산공정, 에너지수송 및 저장, 유기용제 사용, 폐기물처리, 농업, 기타 면오염원(자연오염원 포 함) 분야로 구분
- **면오염원**(Area Source) : 일정 면적 내의 소규모 발생원 다수가 모여 발생하는 오염원
  - 주택단지 등
- **이동오염원**(Mobile Source) : 자동차, 선박 등 이동하면서 지속적으로 발생하는 오염원
- **활동도**(Activity data) : 대기오염물질을 배출하거나 에너지를 소비하는 일련의 활동을 뜻함
- **배출계수**(EF, Emission Factor) : 배출시설의 단위연료 사용량, 단위제품 생산량, 단위원료 사용량, 단위폐기물 소각량 또는 처리량당 발생하는 대기오염물질을 배출하는 정도를 원단위로 나타낸 값

- **방지시설효율**(CF, Control Facilities) : 배출시설에 설치된 대기오염물질 방지시설의 처리효율
- **휘발성유기화합물질**(VOC, Volatile Organic Compounds) : 대기 중으로 쉽게 증발되는 액체 또는 기체상 유기화합물의 총칭으로 파라핀, 올레핀, 방향족화합물 등 생활주변에서 흔히 사용하는 탄화수소류가 거의 해당

사업장은 대기오염물질 배출시설에서 나오는 오염물질 발생량에 따라 1종부터 5종까지 분류된다.(「대기환경보전법 시행령」[별표1의3])

배출시설의 시간당 대기오염물질 발생량 산정은 배출계수에 의한 방법과 실측에 의한 방법으로 「대기환경보전법 시행규칙」[별표10]에 제시하고 있다.

[표 12.1] 대기오염물질 배출 사업장 분류

종 별	오염물질방생량 구분
제1종 사업장	대기오염물질발생량의 합계가 연간 80톤 이상인 사업장
제2종 사업장	대기오염물질발생량의 합계가 연간 20톤 이상 80톤 미만인 사업장
제3종 사업장	대기오염물질발생량의 합계가 연간 10톤 이상 20톤 미만인 사업장
제4종 사업장	대기오염물질발생량의 합계가 연간 2톤 이상 10톤 미만인 사업장
제5종 사업장	대기오염물질발생량의 합계가 연간 2톤 미만인 사업장
비고 : "대기오염물질발생량"이란 방지시설을 통과하기 전의 먼지, 황산화물 및 질소산화물의 발생량을 환경부령으로 정하는 방법에 따라 산정한 양을 말한다.	

12.2 대기오염물질 발생량 산정

대기오염물질 발생량은 배출시설별로 대기오염물질 발생량을 산정한 후 예비용 시설을 제외한 사업장의 모든 배출시설의 대기오염물질 발생량을 더하여 산정한다.

배출시설별 대기오염물질 발생량 = 배출시설의 시간당 대기오염물질 발생량 × 일일조업시간 × 연간가동일수

배출시설의 시간당 대기오염물질 발생량은 배출계수에 의한 방법과 실측에 의한 방법으로 산정한다.

(1) 대기오염물질 배출계수에 의한 방법

- 배출시설의 시간당 대기오염물질 발생량 = 대기오염물질 배출계수 × 해당시설의 시간당 최대 연료사용량

(2) 대기오염물질 실측에 의한 방법

배출계수로 배출시설의 시간당 대기오염물질 발생량을 산정할 수 없는 경우에는 다음의 산정방법에 따라 산정한다.

- 배출시설의 시간당 대기오염물질 발생량 = 방지시설 유입 전의 배출농도 × 가스유량

방지시설 유입 전의 배출농도 및 가스유량은 「환경분야 시험 · 검사 등에 관한 법률」 제6조제1항에 따라 환경부장관이 정하여 고시한 환경오염공정시험기준에 따라 측정한다.

- 일일조업시간 및 연간가동일수

  일일조업시간 또는 연간가동일수는 각각 24시간과 365일을 기준으로 산정한다. 다만, 난방용 보일러 등 일정 시간 또는 일정 기간만 가동한다고 유역환경청장, 지방환경청장, 수도권대기환경청자 또는 시·도지사가 인정하는 시설은 다음의 구분에 따라 산정한다.(「대기환경보전법 시행규칙」제44조)

- 이미 설치되어 사용중인 배출시설의 경우 전년도의 일일평균조업시간을 일일조업시간으로 보며, 전년도의 연간가동일수를 그 해의 연간가동일수로 본다.
- 새로 설치되는 배출시설의 경우 배출시설 및 방지시설 설치명세서에 기재된 일일조업예정시간 또는 연간가동예정일을 각각 일일조업시간 또는 연간가동일수로 본다.

[표 12.2] 연료별 대기오염물질 배출계수

연 료 명	먼 지			황산화물			질소산화물		
	난방	산업	발전	난방	산업	발전	난방	산업	발전
등유 (황함량 0.001%)	0.05		0.05	17.0S			2.16	2.16	2.16
등유 (황함량 0.1%)	0.24		0.24 0.07[1]	17.0S			2.40	2.40	2.40 14.7[1]
경유(황함량 0.1, 0.05%)	0.24		0.24 1.67[2]	17.0S			2.40	2.40	2.40 53.4[2]
B-A유	0.84		0.84	5.28			5.99	5.99	5.99
B-B유	1.20		1.20	14.3S			2.47	2.47	2.47
B-C유(황함량 0.3~4.0%)	1.1S+0.39		1.1S+ 0.39	14.3S			6.64	6.64	6.64
무연탄	5.0A		5.0A	19.5S			5.83	5.83	9.00
유연탄	5.0A		5.0A	19.0S			4.55	5.55	7.50
액화천연가스 (LNG)	0.03		0.03	0.01			3.70	3.70	6.04 42.9[2]
액화석유가스 (LPG)	0.07		0.07	0.01			2.18	2.28	2.28

비 고 :

1. A(회분함량) : 무연탄(40%), 유연탄(10%)의 회분함량 값은 각각 40, 10임
2. S(황함량) : 등유(0.1%), B-A유(1.5%), B-B유(1.2%), 무연탄(0.7%), 유연탄(0.5%)의 황함량 값은 각각 0.1, 1.5, 1.2, 0.7, 0.5임
3. 배출계수단위 : 유류(g/ℓ), 석탄(g/kg), 액화천연가스(g/㎥), 액화석유가스(g/kg)
4. 환산계수 : 액화천연가스(1kg=1.238㎥), 액화석유가스(1kg=1.97ℓ=0.529㎥)
5. 주 1) : 가스터빈, 주 2) : 내연기관

12.3 대기오염물질의 구분

사업장에서 배출되는 대기오염물질은 가스형태의 물질과 입자형태의 물질로 구분하고 있으며, 배출시설에서의 배출허용기준을 「대기환경보전법 시행규칙」[별표8]에서 적용하고 있다. 즉, 배출시설의 설치허가(신고포함)는 각 배출시설별 배출허용기준을 적용하여 방지시설을 반드시 설치해야 한다.(방지시설의 설치를 면제받은 배출시설도 있다.)

※ 「대기환경보전법」제39조 및 동법 시행령 제14조'의 방지시설 설치면제기준
1. 배출시설에서 오염줄질이 항상 배출어용기준 이하로 배출되는 사업장
2. 방지시설 설치외의 방법으로 오염줄질의 적정처리가 가능한 경우의 사업장

「대기환경보전법」제2조(정의)에서는 대기오염물질은 대기오염의 원인이 되는 가스·입자상 물질로서 환경부령으로 정하는 것을 말한다. 일반적으로 가스상 및 입자상 대기오염물질을 구분하면 다음과 같다.

12.3.1 가스상 물질

가스상물질은 연소·합성·분해될 때에 발생하거나 물리적 성질로 인하여 발생하는 기체상 물질을 말한다.

일산화탄소, 아황산가스, 질소산화물, 암모니아, 염화수소, 염소, 포름알데히드, 황화수소, 불소 등

① 일산화탄소(CO)

가정용 난방, 교통수단의 연소, 공장 및 소각로 등에서 발생하며, 산소의 불충분한 상태에서 연소할 때 생성된다.

$$2C + O_2 \rightarrow 2CO$$

분자량 28로서 공기(분자량 약 28.95)보다 약간 가벼워 공기중에 잘 섞여서 CO의 중독이 일어난다. CO는 혈액 중의 헤모글로빈과의 결합력이 산소보다 210배나 강하여 산소의 공급을 방해하며 산소 결핍증이나 질식으로 사망한다.

② 아황산가스(SO_2)

비가연성의 폭발성이 있는 무색의 자극성 냄새를 갖는 기체이다. 화석 연료의 연소 과정에서 대부분 SO_2로 배출되고 1~2%는 불꽃 중에서 산화하여 SO_3로 배출된다.

- 인체 피해 만성 기관지염, 환자의 사망률 상승
- 식물 피해 : 잎주변, 맥사이 회백색, 갈색 반점, 황화현상 등
- 산성비의 원인 물질로 물에 녹는다

③ 질소산화물(NOx : NO, NO_2)

NO는 무색의 기체로 액화시키기 어렵고 공기보다 약간 무겁다. NO는 대기 중의 산소와 반응하여 NO_2로 변하여 적갈색을 띤다.

각종 연료의 연소시 생성($Thermal\,NOx, Prompt\,NOx, Fuel\,NOx$) 된다.

- 산성비 원인 물질
- 광화학 스모그 생성물질
- NO_2는 빛의 흡수가 현저하여 가시거리를 단축

④ 암모니아(NH_3)

무색의 기체로 특유한 자극성의 냄새를 공기 중에 5 ppm만 존재하여도 냄새를 감지한다. 비료 공장, 냉동공장, 표백, 색소 제조공장, 암모니아 제조공장에서 발생한다.

⑤ 염화수소(HCl)

순수한 HCl가스는 무색으로서 자극성 냄새가 있으며 대기 중에서 접촉하여 산성, 백색의 연무를 발생, 수분을 포함하지 않은 경우에는 강한 자극성이 있고 상부기도에 흡수되어 산화작용을 일으킨다.

물에 잘 녹고 그 수용액을 염산이라 하며 물에 염화수소를 흡수시킬 때 HCl의 포화농도는 15℃에서 42.7%, 0℃에서 45.2%이므로 그 이상의 수용액은 구할 수 없다.

⑥ 염소(Cl_2)

상온에서 황록색의 기체로 특수한 자극취가 있고 1ppm정도에서 취기가 있다. 액체 염소제조, 의약품, 종이, 밀가루의 표백과 살균, 고무제조, 금속공업에서 발생하며, 상수도의 살균제로도 사용되고 있다. 기도에 대한 독성은 염화수소 가스보다 약 20배 정도 강하다.

⑦ 포름알데히드(Formaldehyde, $HCHO$)

상온에서 강한 자극취가 있는 무색의 기체이며, 광화학 반응에 의하여 생성되기도 한다. 흡입과 피부 점막을 통하여 체내에 침입하며, 특히 중추신경에 대한 마취 작용과 점막에 대한 자극작용을 한다.

⑧ 황화수소(H_2S)

계란 썩는 냄새가 나는 기체로, 인견, 고무, 아교제조, 제당, 가스공장 및 광산에서 발생한다. 세포 내부의 호흡작용의 정지, 불면증이나 식용부진을 초래한다.

⑨ 불소(F_2)

황록색의 특수한 냄새가 있는 기체로 화학작용이 매우 강하고 모든 원소와 직접 반응하며, 할로겐화 반응을 일으킨다. 냉매, 불소수지, 방부제, 살충제의 제조 등 넓은 용도로 사용된다. 인 및 인산 비료제조, 요업, 유리 및 에나멜 제조, 금속주조, 용접, 제철 및 알루미늄의 정련 과정에서 발생한다.

12.3.2 입자상 물질

입자상물질이란 물질이 파쇄·선별·퇴적·이적될 때, 그 밖에 기계적으로 처리되거나 연소·합성·분해될 때에 발생하는 고체상 또는 액체상의 미세한 물질을 말한다.

자극성 가스를 흡수 또는 흡착하여 에어로졸 상태로서 폐심부까지 침해하는 입자는 침착한 장소에서 자극성 가스의 유해성이 나타난다. $0.5 \sim 5\,\mu m$ 크기 입자에서 폐포에 침착율이 제일크다.

먼지, 분진, 에어로졸, 훈연, 미스트, 연기, 안개, 스모그, 검댕 등

① 먼지(dust)

주로 콜로이드 보다 큰 고체입자로서 공기나 가스에 부유할 수 있는 것이다. 입자의 크기가 비교적 큰 고체입자로서 석탄, 재, 시멘트와 같이 물질의 운송처리과정에서 방출되며 톱밥, 모래흙과 같이 기계적 작동 및 분쇄에 의하여 방출되기도 한다. 입자의 크기는 $1 \sim 100\,\mu m$ 정도이다.

② 분진(Particulate)

자동차, 공장, 화력발전소, 난방, 쓰레기 소각 등의 인위적 배출원과 바다의 물보라, 화산재, 도로의 먼지, 산불, 꽃가루 등 자연적 배출원에서 생성된 입자상 물질로, 미세한 독립 상태의 액체 또는 고체의 알갱이이다.

③ 에어로졸(Aerosol)

입자상물질을 한국 및 일본에서는 분진으로 부르며, 구미에서는 에어로졸로 사용하고 있다.

④ 훈연(Fume)

용융된 물질이 휘발해서 생긴 기체가 응축할 때 생기는 고체입자로서, 상호응결하며 때로는 충돌 결합한다. 금속 산화물과 같이 가스상 물질이 승화, 증류 및 화학반응 과정에서 응축될 때 주로 생성되는 고체입자이다. 한 예로 아연과 납 산화물의 훈연은 고온에서 휘발된 금속의 산화와 응축과정에서 생성된다. 입자의 크기는 $0.03 \sim 0.3\mu m$ 정도이다.

⑤ 미스트(Mist)

가스나 증기의 응축 또는 화학반응에 의해 생성되는 액체입자로서, 주성분은 물이며 안개와 구별할 필요가 있다. 안개는 연무(Aerosol)보다는 포괄적 개념을 갖는다. 연무는 안개보다는 투명하며, 전형적인 입자크기는 $0.5 \sim 3.0\mu m$이다. 한 예로 SO_3은 흡습성 가스로서 이 가스의 이슬점은 22℃이다. 22℃ 미만에서 이 가스는 물과 반응하여 황산 미스트가 된다.

⑥ 연기(Smoke)

연소시 발생하는 유리탄소를 주로 하는 미세한 입자상 물질이다. 불완전연소로 생성되는 미세 입자로서 가스를 함유하며 주로 탄소성분과 연소물질로 구성되어 있다. 입자의 크기는 $0.01\mu m$ 이상이다.

⑦ 안개(Fog)

아주 작은 물방울이 공기 중에 떠있는 현상으로 수평시정이 $1km$ 이하이다. 습도는 100%에 가까운 현상으로 분산질이 액체이고, 눈에 보이는 연무질을 의미하며 통상 응축에 의하여 생성된다.

⑧ 스모그(Smog)

대기 중 광화학적 반응에 의해 생성된 가스의 응축과정에서 생성된다. 크기는 $1\mu m$보다 작으며, Smoke와 Fog의 합성어이다.

⑨ 박무(Haze)

광화학 반응으로 생성된 물질로 아주 작은 다수의 건조입자가 부유하고 시야를 방해하는 입자상 물질이다. 수분, 오염물질 및 먼지 등으로 구성되어 있고 크기는 $1\mu m$ 보다 작다.

⑩ 검댕(Soot)

탄소 함유물질의 불완전연소로 형성된 입자상 오염물질로서 탄소 입자의 응집체이다. 입자상 크기는 $1\mu m$ 이상이다.

12.4 배출가스 입자상 물질(먼지) 시료채취

물질의 파쇄, 선별, 퇴적, 이적 기타 기계적 처리 또는 연소, 합성분해시 굴뚝에서 배출되는 입자상 물질(먼지)의 농도를 측정하기 위한 방법을 규정하고 있다. 배출가스 중에 함유되어 있는 액체 또는 고체인 입자상 물질을 등속흡인하여 측정한 먼지로서 이 먼지의 농도는 표준상태($0℃, 760\,mmHg$)의 건조배출가스 $1\,Sm^3$중에 함유된 먼지의 무게단위로 표시한다.

- 배출가스(Flue gas)는 연료, 기타의 것의 연소, 합성, 분해, 열원으로서의 전기의 사용 및 기계적 처리 등에 따라 발생하는 고체 입자를 함유하는 가스이며, 수분을 함유하지 않는 가스는 건조 배출가스, 수분을 함유하는 가스는 습윤 배출가스라 한다.
- 등속흡입(Isokinetic sampling)은 먼지시료를 채취하기 위해 흡입노즐을 이용하여 배출가사를 흡입할 때, 흡입노즐을 배출가스의 흐름방향으로 배출가스와 같은 유속으로 가스를 흡입하는 것을 말한다.

굴뚝에서 입자상 물질의 시료를 채취할 경우 다양한 간섭요인들이 발생할 수 있으며, 습도, 부산물에 의한 측정오차, 질량농도 등이 대표적이다.

채취시료의 습도에 의한 영향은 피할 수 없으나, 여과지 매질의 습도 효과를 최소화할 수 있으며 적은 습도 조건은 먼지 간의 정전력을 증가시킬 수 있다. 습도에 의한 오차를 줄이기 위해서 먼지의 질량을 측정하기 전 여과지 홀더 또는 여과지를 데시케이터에서 충분히 건조시킨다.

시료채취 여과지 위에서 가스상 물질들의 반응 등에 의해 먼지의 질량농도 측정량이 증가 또는 감소되는 오차가 일어날 수 있다. 시료채취과정에서 이산화황과 질산이 여과지위에 머무르면 황산염과 질산염으로 산화되는 화학반응을 통하여 생성되므로 질량농도 증가와 시료 중에 생성된 염류가 성장과 이동과정에서 기압과 대기온도에 따라 해리과정을 거쳐 다시 가스상으로 변환됨으로 질량농도가 감소되는 경우가 초래될 수 있다.

배출가4스 중 먼지의 질량농도는 먼지의 질량, 측정시간, 그리고 유량에 의해서 결정된다. 등속흡입과 누출공기 확인을 통해 정확한 유속과 유량 측정이 필요하며 보정된 정교한 저울을 사용하여 최대한의 오차를 줄여 실제 값에 가까운 무게농도를 측정하여야 한다.

12.4.1 분석기기 및 기구

① 반자동식 시료채취기

흡입노즐, 흡입관, 피토관, 여과지홀더, 여과지 가열장치, 임핀저 트레인, 가스흡입 및 유량측정부 등으로 구성되며 여과지홀더의 위치에 따라 〈그림 12-1〉과 〈그림 12-2〉와 같이 1형과 2형으로 구별된다.

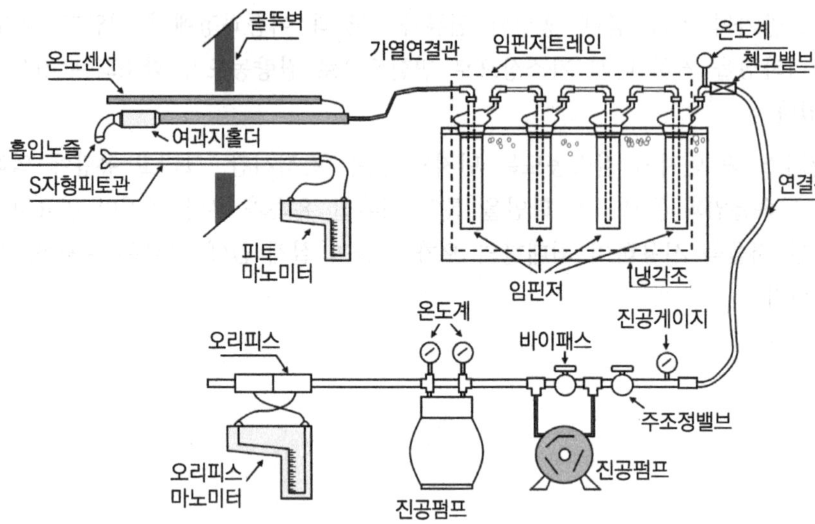

〈그림 12-1〉 반자동식 먼지 시료채취 장치(1형).

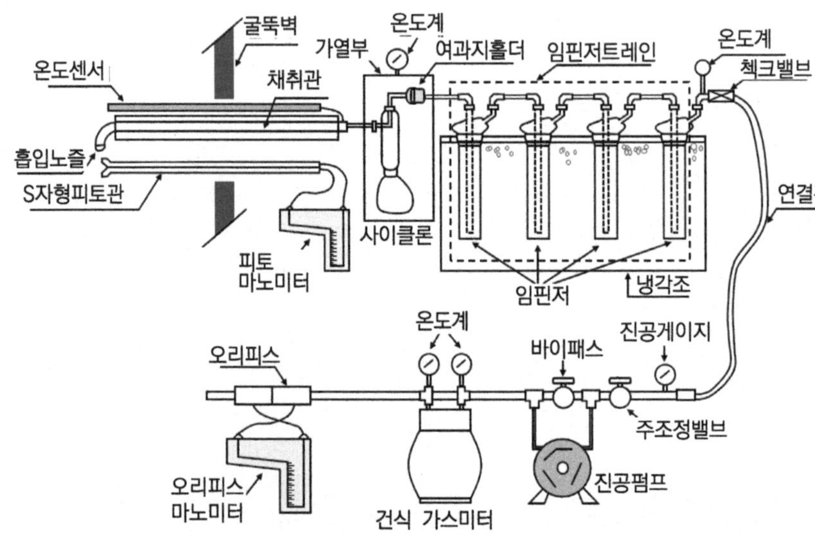

〈그림 12-2〉 반자동식 먼지 시료채취 장치(2형).

굴뚝에서 배출되는 먼지시료를 반자동식 채취기를 이용하여 배출가스의 유속과 같은 속도로 시료가스를 흡입(이하 등속흡입이라 한다)하여 일정온도로 유지되는 실리카 섬유제 여과지에 먼지를 포집한다.

먼지가 포집된 여과지를 110 ± 5℃에서 충분히 건조하여 비결합수분을 제거하고 먼지의 중량농도를 계산한다.

- 원통여과지 : 실리카 섬유제 여과지로서 99% 이상의 먼지 채취율(0.3 μm 다이옥틸프탈레이트 매연 입자에 의한 먼지 통과시험)을 나타내는 것이어야 하며, 사용상태에서 화학변화를 일으키지 않아야 하는데, 화학변화로 인하여 측정치의 오차가 나타날 경우에는 적절한 처리를 하여 사용하여야 한다. 유효직경이 25 mm 이상의 것을 사용한다.
- 임핀저 트레인 및 냉각상자 : 유해가스 흡수액을 넣고 시료채취 시 배출가스가 통과할 때 유해가스를 흡수시켜 수분 및 유해가스로부터 기기를 보호한다. 4개의 임핀저가 일렬로 연결되어 있으며, 두 번째 임핀저는 표준팁이 그리인버그 스미드형(Impinger Greenberg-Smith)을 사용해야 한다.

② 수동식(조립) 시료채취기

측정공에 시료 채취장치의 흡입관을 굴뚝내부에 삽입하여 그 선단을 채취점에 일치시키고 등속흡입한 다음, 먼지 포집기에 의해 여과포집된 먼지와 흡입된 가스의 양으로부터 먼지농도를 계산한다.

먼지채취부, 가스흡입부, 흡입유량 측정부 등으로 〈그림 12-3〉과 같이 구성되며, Stack sampler라고 한다.

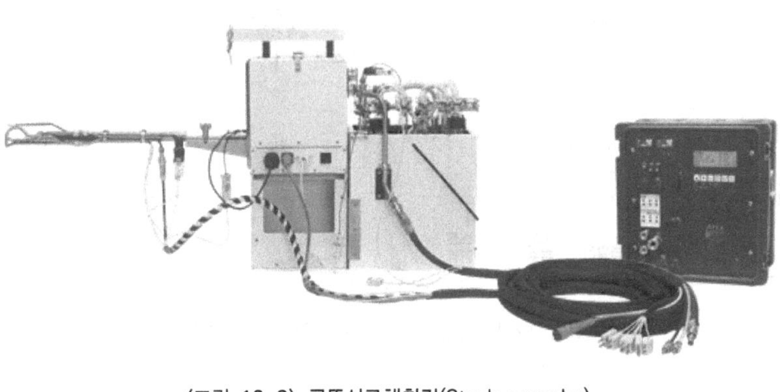

〈그림 12-3〉 굴뚝시료채취기(Stack sampler).

먼지 채취부의 위치에 따라 〈그림 12-4〉 및 〈그림 12-5〉와 같이 1형과 2형으로 구별된다.

1형은 먼지채취기를 굴뚝 안에 설치하고, 2형은 먼지채취기를 굴뚝 밖으로 설치하는 것이다. 먼지 시료 채취 장치의 모든 접합부는 가스가 새지 않도록 하여야 하고, 2형일 때는 배출가스 온도가 이슬점 이하가 되지 않도록 보온 또는 가열해 주어야 한다.

- 원형여과지 : 실리카 섬유제 여과지로서 99% 이상의 먼지 채취율을 나타낸 것이어야 하며, 유효직경이 $63.5mm$ 이상의 것을 사용한다.

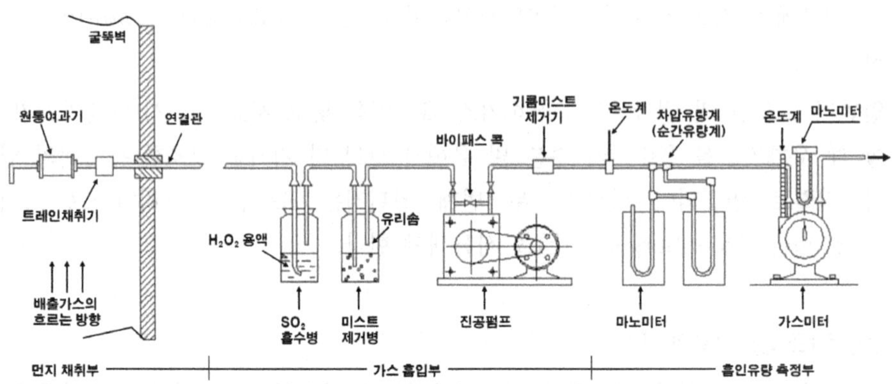

〈그림 12-4〉 수동식 먼지 시료채취 장치(1형).

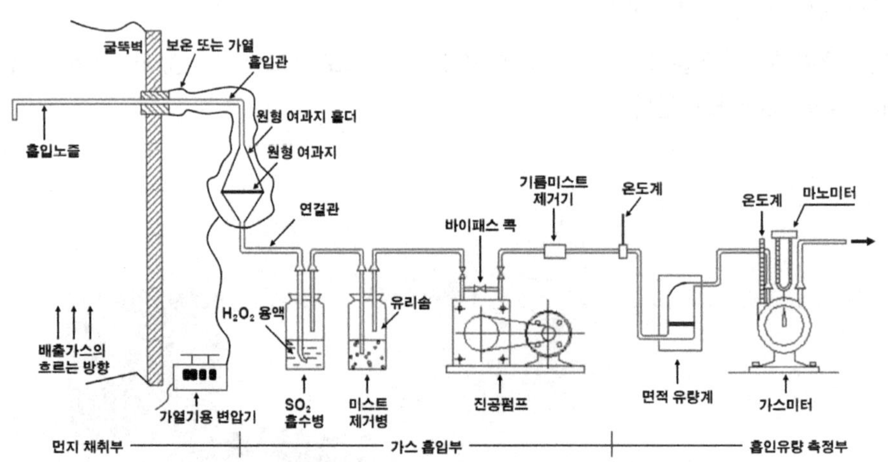

〈그림 12-5〉 수동식 먼지 시료채취 장치(2형).

12.4.2 측정위치

① 측정위치 및 측정공

측정위치는 원칙적으로 굴뚝의 굴곡부분이나 단면모양이 급격히 변하는 부분을 피하여 배출가스 흐름이 안정되고, 측정작업이 쉽고 안전한 곳을 선정한다.

수직굴뚝 하부 끝단으로부터 위를 향하여 그곳의 굴뚝 내경의 8배 이상이 되고, 상부 끝단으로부터 아래를 향하여 그곳의 굴뚝 내경의 2배 이상이 되는 지점에 측정공 위치를 선정한다. 만약 측정공 설치가 곤란하거나 측정작업의 불편, 측정자의 안정성 등이 문제될 때에는 하부 내경의 2배 이상과 상부 내경의 1/2배 이상되는 지점에 측정공 위치를 선정할 수 있다.

측정공은 측정위치로 선정된 굴뚝 벽면에 설치하며, 측정공 직경 $100 \sim 150mm$정도로 설치한다.

측정시 이외에는 덮개를 막아 밀폐하고, 측정시에도 흡입관 삽입 이외의 공간은 공기가 새지 않도록 밀폐한다.

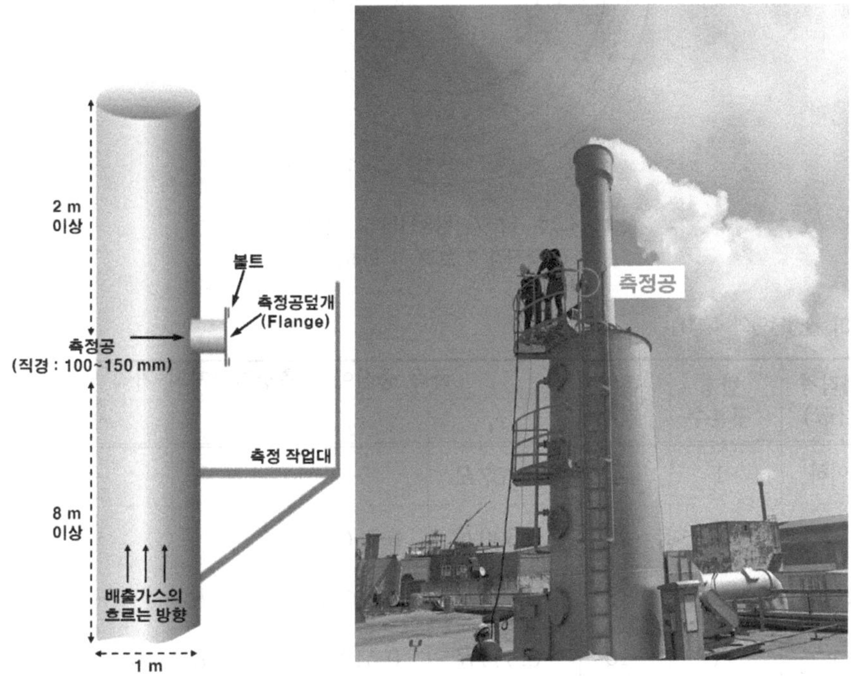

〈그림 12-6〉 굴뚝 시료채취 측정위치 및 측정공.

② 측정점

측정점은 측정위치로 선정된 굴뚝단면의 모양과 크기에 따라 다음과 같은 요령으로 적당수의 등면적으로 구분하고 구분된 각 면적마다 측정점을 선정한다.

(1) 굴뚝 단면이 원형일 경우

〈그림 12-7〉과 같이 측정단면에서 서로 직교하는 직경선상에 [표 12.3]과 같이 부여하는 위치를 측정점으로 선정한다. 측정점수는 굴뚝의 직경이 $4.5\,m$를 초과할 때는 20점까지로 한다.

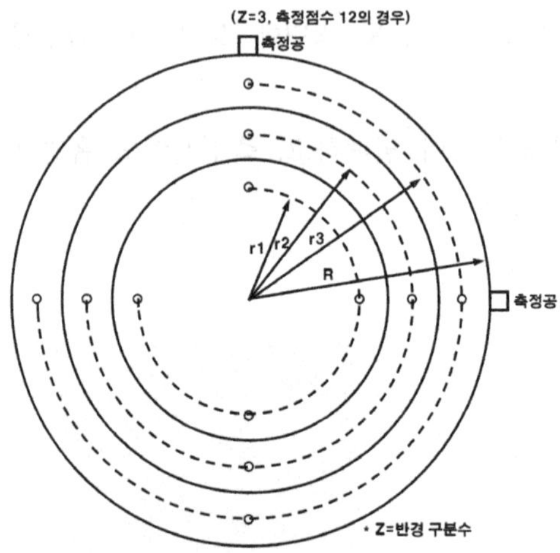

〈그림 12-7〉 원형단면의 측정점 예.
(굴뚝직경 2 초과, 4 이하인 경우)

[표 12.3] 원형단면의 측정점

굴뚝직경 $2R(m)$	반경 구분수	측정 점수	굴뚝 중심에서 측정점까지의 거리 $r_n(m)$				
			r_1	r_2	r_3	r_4	r_5
1 이하	1	4	$0.707R$	-	-	-	-
1~2	2	8	$0.500R$	$0.866R$	-	-	-
2~4	3	12	$0.408R$	$0.707R$	$0.913R$	-	-
4~4.5	4	16	$0.354R$	$0.612R$	$0.791R$	$0.935R$	-
4.5 초과	5	20	$0.316R$	$0.548R$	$0.707R$	$0.837R$	$0.949R$

- 보일러 배출가스 등과 같이 배출가스가 측정점에 도달하는 동안 오염물질이 비교적 균일하게 혼합된다고 인정되는 공정의 굴뚝 배출가스는 측정점 수를 줄일 수 있다.
- 굴뚝 단면적이 $0.25m^2$ 이하로 소규모일 경우에는 그 굴뚝 단면의 중심을 대표점으로 하여 1 점만 측정한다.
- 측정 단면에서 유속의 분포가 비교적 대칭을 이루는 경우 수평굴뚝은 수직대칭 축에 대하여 1/2의 단면을 취하고 측정점의 수를 1/2로 줄일 수 있으며, 수직 굴뚝은 1/4의 단면을 취하고 측정점의 수를 1/4로 줄일 수 있다. 즉, 선정된 측정공이 수직굴뚝에 위치할 경우에는 굴뚝단면도의 1/4에 해당하는 반경상의 측정점으로 줄일 수 있다.
- 측정공의 설치가 규정에 맞지 않게 설치되어 있는 기존 배출시설업소에 대하여는 잠정적으로 원형연도의 경우 측정점 수는 대표점으로 하여 1 점만 측정할 수 있다.

(2) 굴뚝 단면이 사각형일 경우

단면적에 따라 등단면적의 사각형으로 구분하고, 구분된 각 등단면적의 중심에 측정점 수를 [표 12.4]와 같이 선정한다.

측정 단면은 〈그림 12-8〉과 같이 한 변의 길이(L)가 [표 12.4]의 규정에 따라 $1m$ 이하의 범위에서 4개 이상의 등단면적의 직사방형 또는 정사방형으로 나누어 중심에 측정점을 선정한다.(단, 굴뚝의 단면적이 $20m^2$를 초과하는 경우의 측정점수는 20점까지로 하고 등단면적으로 구분한다.)

측정 단면에서 흐름이 비대칭인 경우는 비대칭 방향으로 구분한 한 변의 길이는 그것과 수직방향의 한 변 길이보다도 짧게 취하여 측정점의 개수를 각각 증가시킨다.

[표 12.4] 사각형 굴뚝 단면적의 측정점수

굴뚝 단면적(m^2)	구분된 1변의 길이 $L(m)$
1 이하	$L \leqq 0.5$
1 초과 4 이하	$L \leqq 0.667$
4 초과 20 이하	$L \leqq 1$

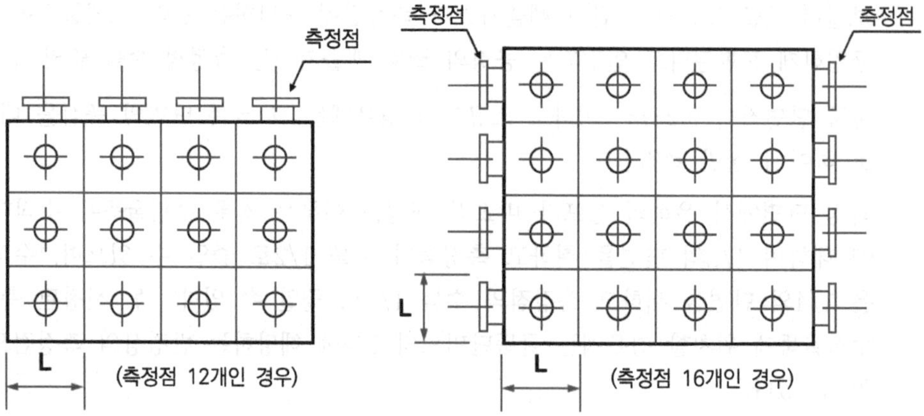

〈그림 12-8〉 사각형 굴뚝 단면의 측정위치.

- 굴뚝 단면적이 $0.25m^2$ 이하로 소규모일 경우에는 그 굴뚝 단면의 중심을 대표점으로 하여 1 점만 측정한다.
- 측정 단면에서 유속의 분포가 비교적 대칭을 이루는 경우 수평굴뚝은 수직대칭 축에 대하여 1/2의 단면을 취하고 측정점의 수를 1/2로 줄일 수 있으며, 수직 굴뚝은 1/4의 단면을 취하고 측정점의 수를 1/4로 줄일 수 있다. 즉, 선정된 측정공이 수평굴뚝에 위치할 때는 모든 측정점에서 측정을 한다.
- 측정공의 설치가 규정에 맞지 않게 설치되어 있는 기존 배출시설업소에 대하여는 잠정적으로 측정공의 직경선상의 반경부분을 등간격으로 구분하여 각 측정점에서 측정한다.

(3) 굴뚝 단면이 기타 모양일 경우

굴뚝 단면의 모양이 한쪽은 원형(아치형)이고 또 다른 한쪽은 사각형 또는 기타 모양일 경우에는 원형 또는 사각형에 준하여 측정점 수를 결정한다.

12.4.3 먼지 시료 채취방법

(1) 반자동 채취기

먼지 시료를 채취하는 방법은 직접채취법, 이동채취법, 대표점채취법 등이 있다.

- 직접 채취법

  측정점마다 1개의 먼지 포집기를 사용하여 시료를 채취한다.

- 이동 채취법

  한 개의 먼지 포집기를 사용하여 측정점을 이동하면서 각각 같은 흡입시간으로 먼지 시료를 채취한다.

- 대표점 채취법

  대표점에서 한 개 또는 수 개의 먼지 포집기를 사용하여 먼지 시료를 채취한다.

(2) 시료채취 절차

- 측정점 수를 선정한다.
- 배출가스의 온도를 측정한다.
- S자형 피토관과 경사마노미터로 배출가스의 정압과 평균동압을 각각 측정한다.
- 피토관을 측정공에서 굴뚝내의 측정점까지 삽입하여 전압공을 배출가스 흐름방향에 바로 직면시켜 압력계에 의하여 동압을 측정한다.
- 동압은 원칙적으로 $0.1\,mmH_2O$ 의 단위까지 읽는다. 이때, 피토관의 배출가스 흐름 방향에 대한 편차는 10° 이하가 되어야 한다.
- 배출가스의 수분량을 측정한다.
- 흡입노즐이 배출가스가 흐르는 역방향을 향하도록 흡입노즐을 측정점까지 끼워넣고 흡입을 시작할 때 배출가스가 흐르는 방향에 직면하도록 돌려 편차를 10° 이하로 한다.
- 매 채취점마다 동압을 측정하여 계산자(노모그래프) 또는 계산기를 이용하여 등속흡입을 위한 적정한 흡입노즐 및 오리피스 압차를 구한 후 유량조절밸브를 그 오리피스 차압이 유지되도록 유량을 조절하여 시료를 채취한다.
- 한 채취점에서의 채취시간을 최소 2분 이상으로 하고 모든 채취점에서 채취시간을 동일하게 한다.
- 시료채취 중에 굴뚝 내 배출가스 온도, 건식 가스미터의 입구 및 출구온도, 여과지 홀더 온도, 최종 임핀저 통과 후의 가스온도, 진공게이지압 등을 측정 기록한다.
- 채취가 끝날 때마다 측정점에서의 가스시료 채취량을 기록해 둔다. 이러한 수치들을 기록하기 위한 기록지 양식의 한 예를 [표 12.5]에 나타내었다.

[표 12.5] 먼지 시료채취 기록지

공장명________.		피토관계수________
측정대상명________.		기온(℃)________
작성자명________.		기압($mmHg$)________
측정일________.		수분량(%)________
측정번호________.		흡입관길이(m)________
오리피스미터 ΔH________.		흡입노즐직경(cm)________
산소량(%)________.	________	배출가스정압($mmHg$)________
등속흡입계수________.	굴뚝단면 및 측정점 배열	여과지 번호________

채취점 번호	시료채취 시간 (분)	진공 게이 지압 ($mmHg$)	배출 가스 온도 (℃)	배출 가스 동압 ($mmHg$)	오리 피스 압차 ($mmHg$)	시료 채취 량 (m^3)	건식 가스미터에서의 온도(℃)		여과지 홀더 온도 (℃)	최종 임핀저 출구 온도 (℃)
							입구	출구		
합계							평균	평균		
평균							평균			

〈비고〉

1. 시료채취 중 임핀저 통과 후의 가스온도가 20℃가 넘을 경우엔 잘게 부순 얼음을 더 채우거나 소금을 첨가하도록 한다.
2. 먼지가 채취됨에 따라 여과지에 전후의 압력이 너무 높아져 등속흡입을 유지하기가 어려울 경우에 새 여과지로 교환(여과지홀더도 같이 교환하는 것이 좋다)한 후 시료채취를 계속한다. 이때 총 채취먼지량은 각 여과지에 채취된 먼지량의 합이 된다.

12.4.4 먼지농도의 계산

(1) 흡입가스유량

흡입가스유량의 측정은 원칙적으로 적산유량계(가스미터) 및 순간유량계(면적유량계, 차압유량계 등)을 사용한다.

- 흡입시간을 확인하기 위하여 흡입개시 및 종료시각을 기록한다.
- 흡입시작 및 종료시에 있어서 가스미터의 눈금을 $0.1\,L$까지 읽어둔다.
- 흡입시간 중 가스미터에 있어서 흡입가스온도 및 압력을 측정한다.
- 표준상태에서 흡입한 건조 가스량은 다음 식으로 구한다.
- 면적유량계나 차압유량계를 사용하여 흡입가스 유량을 측정할 때는 그 유량계의 유량측정방법에 규정한 대로 측정한다.

• 습식 가스미터를 사용할 경우

$$V_n' = V_m \times \frac{273}{273+\theta_m} \times \frac{P_a + P_m - P_v}{760} \times 10^{-3}$$

• 건식 가스미터를 사용할 경우

$$V_n' = V_m' \times \frac{273}{273+\theta_m} \times \frac{P_a + P_m}{760} \times 10^{-3}$$

여기서,

V_n' : 표준상태에서 흡입한 건조 가스량(Sm^3)

V_m : 흡입가스량(습식 가스미터에서 읽은 값, L)

V_m' : 흡입가스량(건식 가스미터에서 읽은 값, L)

θ_m : 가스미터의 흡입가스 온도(℃)

P_a : 측정공 위치에서의 대기압($mmHg$)

P_m : 가스미터의 가스의 게이지압($mmHg$)

P_v : θ_m에서 포화수증기압($mmHg$)

(2) 먼지농도

배출가스 중의 먼지 농도는 표준상태(0℃, 760 $mmHg$)로 환산한 건조 배출가스 1 m^3 중에 포함되어있는 먼지의 무게로 표시하며, 각 측정점의 먼지농도는 다음 식에 의하여 소수점 둘째 자리까지 계산하고 소수점 첫째 자리까지 표기한다.

$$C_n = \frac{m_d}{V_n'}$$

여기서,

C_n : 건조배출가스 중의 먼지농도(mg/Sm^3)

m_d : 포집된 먼지의 무게(g)

V_n' : 표준상태의 흡입건조 배출가스량(Sm^3)

전체 단면의 건조 배출가스 중의 평균 먼지농도를 구하기 위해서는 구분한 각 단면의 먼지농도로부터 다음 식에 의하여 구한다.

$$\overline{C_n} = \frac{C_{n1} \cdot A_1 \cdot V_1 + C_{n2} \cdot A_2 \cdot V_2 + \cdots + C_{nn} \cdot A_n \cdot V_n}{A_1 \cdot V_1 + A_2 \cdot V_2 + \cdots + A_n \cdot V_n}$$

여기서,

$\overline{C_n}$: 전체 단면의 평균 먼지농도(mg/Sm^3)

$C_{n1}, C_{n2}, \cdots C_{nn}$: 각 단면의 먼지농도(mg/Sm^3)

$A_1, A_2, \cdots A_n$: 각 단면의 면적(m^2)

$V_1, V_2, \cdots V_n$: 각 단면의 가스유속(m/s)

12.5 배출가스 가스상 물질 시료채취

굴뚝을 통하여 대기 중으로 배출되는 가스상 물질을 분석하기 위한 시료의 채취방법으로서 시료채취량은 표준상태(0℃, 760 $mmHg$)로 환산한 건조시료 가스량을 일컫는다.

12.5.1 시료채취 장치의 구성

배출가스의 가스상 물질의 시료채취 위치와 채취점의 선정은 입자상 물질의 시료채취 규정에 따른다. 가스상물질은 흡수병, 채취병 등을 쓰는 시료채취장치는 〈그림 12-9〉의 각 요소로 구성된다.

〈그림 12-9〉 시료채취장치.

① 채취관

채취관, 충전 및 여과재의 재질은 배출가스의 조성, 온도 등을 고려해서 다음의 조건을 만족시키는 것을 선택한다.

- 화학반응이나 흡착작용 등으로 배출가스의 분석결과에 영향을 주지 않는 것
- 배출가스 중의 부식성 성분에 의하여 잘 부식되지 않는 것
- 배출가스의 온도, 유속 등에 견딜 수 있는 충분한 기계적 강도를 갖는 것

배출가스의 온도, 유속 등에 견딜 수 있는 충분한 기계적 강도를 갖는 것, 채취관, 충전 및 여과지의 재질은 일반적으로 분석물질, 공존가스 및 사용온도 등에 따라서 [표 12.6]에 나타낸 것 중에서 선택한다.

채취관은 〈그림 12-10〉와 같이 흡입가스의 유량, 채취관의 기계적 강도, 청소의 용이성 등을 고려해서 안지름 6 ~ 25 mm 정도의 것을 쓴다.

[표 12.6] 분석물질별 채취관 및 연결관 등의 재질

분석물질 공존가스	채취관, 연결관의 재질	여과재	비고
암모니아	①②③④⑤⑥	ⓐ ⓑ ⓒ	① 경질유리 ② 석영 ③ 보통강철 ④ 스테인리스강 재질 ⑤ 세라믹 ⑥ 플루오로수지 ⑦ 염화바이닐수지 ⑧ 실리콘 수지 ⑨ 네오프렌
일산화탄소	①②③④⑤⑥⑦	ⓐ ⓑ ⓒ	
염화수소	①② ⑤⑥⑦	ⓐ ⓑ ⓒ	
염소	①② ⑤⑥⑦	ⓐ ⓑ ⓒ	
황산화물	①② ④⑤⑥⑦	ⓐ ⓑ ⓒ	
질소산화물	①② ④⑤⑥	ⓐ ⓑ ⓒ	
이황화탄소	①② ⑥	ⓐ ⓑ	
폼알데하이드	①② ⑥	ⓐ ⓑ	
황화수소	①② ④⑤⑥⑦	ⓐ ⓑ ⓒ	
플루오린화합물	④ ⑥	ⓒ	
사이안화수소	①② ④⑤⑥⑦	ⓐ ⓑ ⓒ	
브로민	①② ⑥	ⓐ ⓑ	ⓐ 알칼리 성분이 없는 유리솜 또는 실리카솜 ⓑ 소결유리 ⓒ 카보런덤
벤젠	①② ⑥	ⓐ ⓑ	
페놀	①② ④ ⑥	ⓐ ⓑ	
비소	①② ④⑤⑥⑦	ⓐ ⓑ ⓒ	

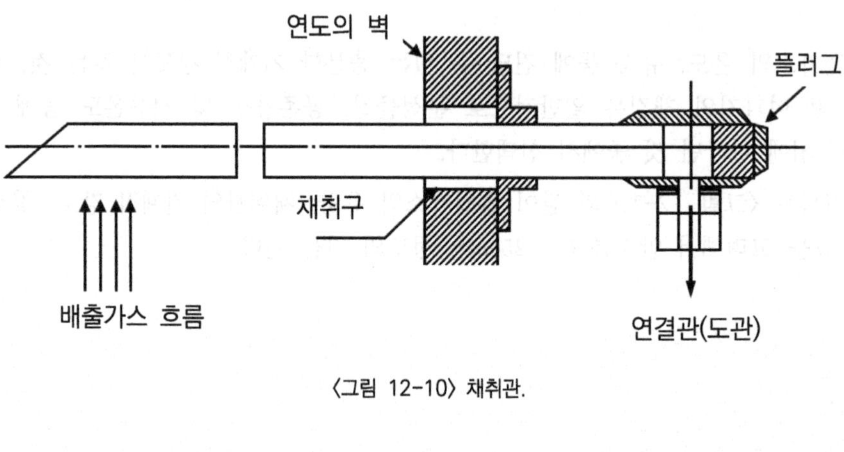

〈그림 12-10〉 채취관.

채취관의 길이는 채취점까지 끼워 넣을 수 있어야 하며, 배출가스의 온도가 높을 때에는 관이 구부러지는 것을 막기 위한 조치를 해야한다. 먼지가 섞여 들어오는 것을 줄이기 위해서 채취관이 앞 끝의 모양은 직접 먼지가 들오기 어려운 구조의 것이 좋다.

시료 중에 먼지 등이 섞여 들어오는 것을 막기 위하여 필요에 따라서 채취관의 적당한 위치에 여과재를 넣는다. 여과재료는 제거율이 좋고 압력손실이 적으며 흡착, 분해작용 등이 일어나지 않는 것을 사용한다. 여과재를 끼우는 부분은 교환이 쉬운 구조의 것으로 한다. 여과지를 채취관 앞쪽에 넣는 경우 입자에 의해 채취관이 막히지 않도록 적절한 조치를 취한다.

② 연결관(도관)

연결관의 재질은 사용하는 채취관의 종류에 따라 적당한 것을 쓴다. 이은 부분이나 충전 등 연결관의 일부에 부득이 흡착성이 있는 재질을 쓰는 경우에는 가스와의 접촉면적을 최소화한다.

연결관, 충전 등의 재질에는 일반적으로 분석물질, 공존가스, 사용온도 등에 따라서 선정한다. 또한 일반적으로 사용되는 플루오로수지 연결관(녹는점 260℃)은 250℃ 이상에서는 사용할 수 없다.

연결관의 안지름은 연결관의 길이, 흡입가스의 유량, 응축수에 의한 막힘 또는 흡입펌프의 능력 등을 고려해서 $4 \sim 25mm$로 한다.

가열 연결관은 시료연결관, 퍼지라인 (purge line), 교정가스관, 열원 (선), 열전대 등으로 구성되어야 한다.

연결관의 길이는 되도록 짧게 하고, 부득이 길게 해서 쓰는 경우에는 이음매가 없는 배관을 써서 접속 부분을 적게 하고 받침 기구로 고정해서 사용해야 한다. 연결관은 가능한 한 수직으로 연결해야 하고 부득 이 구부러진 관을 쓸 경우에는 응축수가 흘러나오기 쉽도록 경사지게 (5° 이상)하고 시료가스는 아래로 향하게 한다. 연결관은 새지 않는 구조이어야 하며, 분석계에서의 배출가스 및 바이패스(by-pass) 배출가스의 연결관은 배후 압력의 변동이 적은 장소에 설치한다. 하나의 연결관으로 여러 개의 측정기를 사용할 경우 각 측정기 앞에서 연결관을 병렬로 연결하여 사용한다.

③ 채취부

채취부는 〈그림 12-11〉에 나타낸 바와 같이 가스 흡수병, 바이패스용 세척병, 펌프, 가스미터 등으로 조립한다.

(a) 흡수병을 쓰는 경우(시료채취량 $10 \sim 20 L$)

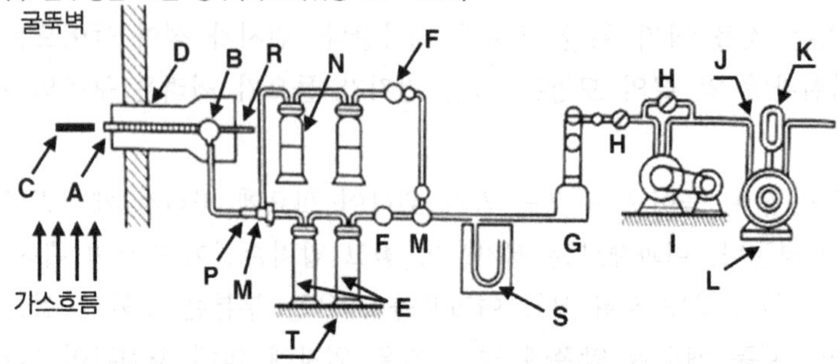

A:시료채취관 B: 연결관 C: 여과재 D: 보온재 E:흡수병
F:유리 필터 G: 가스 건조탑 H: 유량 조절 콕크 I: 밀폐식 흡인펌프
J:온도계 K: 압력계 L: 습식 가스미터 M: 3방 콕크
N:바이패스용 세척병(E와 같은 것) O: 실리콘 고무판 P: 구면 갈아맞춤 이음판
Q:히이터 R: 온도계(2) S: 수은 마노미터 T: 조절대
주(2) 가스의 온도를 알고 있을 때는 온도계를 생략하여도 좋다

(b) 흡수병을 쓰는 경우(시료채취량 $100 \sim 1000 mL$)

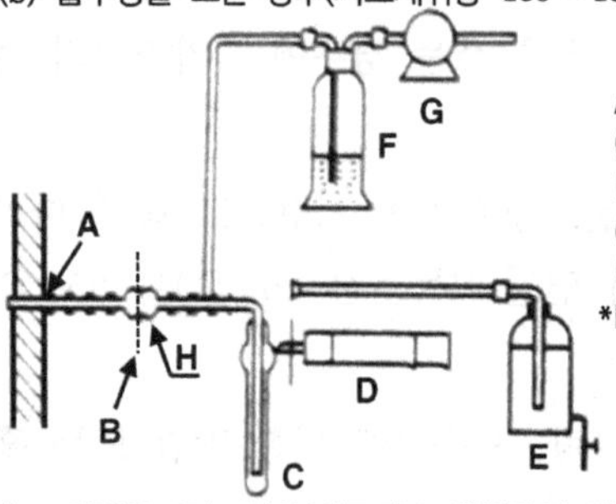

A : 시로 채취관 B : 여과재
C : 흡수병 D : 주사통
E : 흡인병 F : 세척병
G : 흡인펌프 또는 고무구
H : 히이터
*비고 : E를 쓰는 경우에는 C와 E를 접속한다.

(c) 포집병을 쓰는 경우(시료가스 채취량이 적은 경우)

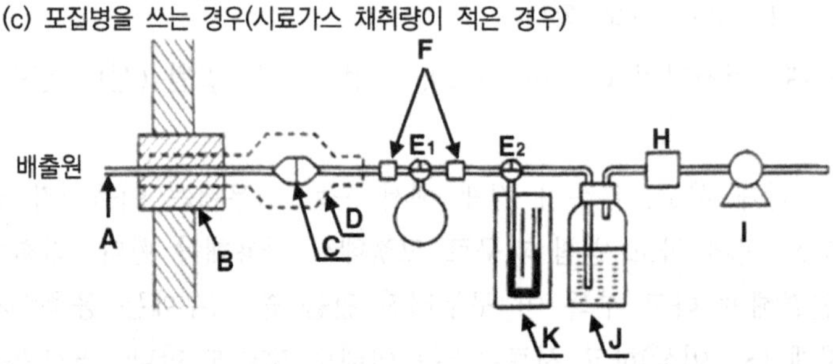

A : 시로가스 채취관
B : 보온재
C : 여과재
D : 히이터
E : 3방 콕크(E_1, E_2)
F : 실리콘 고무관
G : 포집병
H : 건조제
I : 흡인펌프
J : 세척병
K : 진공 마노미터

(d) 채취병을 쓰는 경우(시료 채취관이 적은 경우)

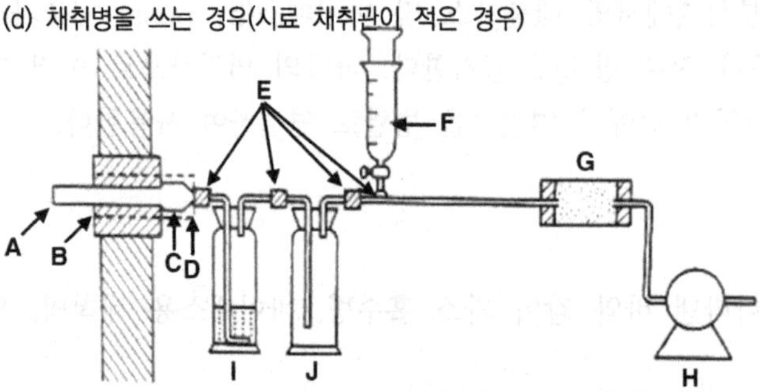

A : 시로가스 채취관
B : 보온재
C : 여과재
D : 히이터
E : 실리콘 고무
F : 주사통
G : 건조제
H : 흡인펌프 또는 고무구
I : 흡수병(방해물질 제거용)
J : 트랩

〈그림 12-11〉 채취부의 구성.

접속에는 갈아맞춤(직접접속), 실리콘 고무, 플루오로 고무 또는 연질 염화바이닐관을 쓴다. 소량의 시료채취를 위해서는 〈그림 12-12〉, 〈그림 12-13〉 및 [표 12.7]에 나타낸 각종 채취병과 흡수병을 사용할 수 있다.

흡수병은 유리로 만든 것으로 분석대상 가스에 따라서 선택하여 사용할 수 있다. 흡수액은 [표 12.8]에 나타낸 바와 같이 분석물질에 따라 분석방법에 따라 선정할 수 있다.

수은마노미터는 대기와 압력차가 $100\,mmHg$ 이상인 것을 사용한다.

가스건조탑은 유리로 만든 것으로 이것은 펌프를 보호하기 위해서 쓰는 것이며, 건조제로서는 입자상태의 실리카겔, 염화칼슘 등을 사용한다.

펌프는 배기능력이 $0.5 \sim 5\,L/\mathrm{min}$인 밀폐형인 것을 사용한다.

가스미터는 일회전 $1L$의 습식 또는 건식 가스미터로 온도계와 압력계가 붙어있는 것을 사용한다.

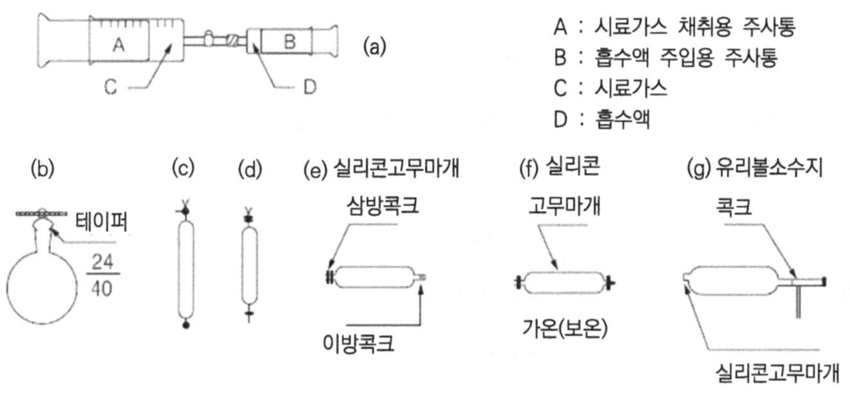

〈그림 12-12〉 채취병의 종류.

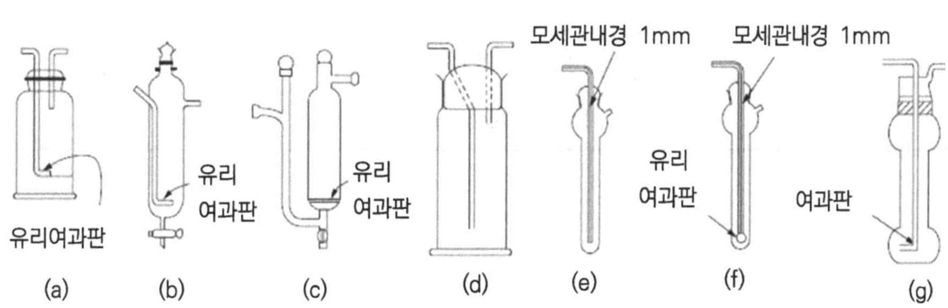

〈그림 12-13〉 흡수병의 종류.

[표 12.7] 분석대상 가스의 종류별 채취병 및 흡수병

분석대상가스	채취병 및 흡수병	
	모양(그림번호)	부피(mL)
암모니아	14-5(a)(g)	250
염화수소	14-5(a)(b)(c)(d)(g)	100 ~ 250
염소	14-5(e)(f)	40
황산화물	14-5(a)(b)(c)(g)	150 ~ 250
질소산화물	14-4(a)	100, 40
	14-4(b)	1,000
이황화탄소	14-5(a)(g)	150 ~ 250
폼알데하이드	14-5(e)(f)	40
황화수소	14-5(d)(e)	40
플루오린화합물	14-5(a)(b)(c)(g)	250
사이안화수소	14-5(e)(f)	200
	14-5(e)	40
브로민	14-5(d)	100
벤젠	14-5(g)	1,000
	14-5(e)	250
페놀	14-4(e)(f)(g)	1,000
	14-5(a)(b)(c)(g)	150 ~ 200
비소	14-5(a)(b)(c)(g)	200

[표 12.8] 분석물질별 분석방법 및 흡수액

분석물질	분석방법	흡수액
암모니아	• 인도페놀법	• 붕산 용액($5\,g/L$)
염화수소	• 이온크로마토그래피 • 싸이오사이안산제이수은법	• 정제수 • 수산화소듐 용액($0.1\,mol/L$)
염소	• 오르토톨리딘법	• 오르토톨리딘 염산 용액($0.1\,g/L$)
황산화물	• 침전적정법	• 과산화수소수 용액($1+9$)
질소산화물	• 아연환원나프틸에틸렌다이아민법	• 황산용액($0.005\,mol/L$)
이황화탄소	• 자외선/가시선분광법 • 가스크로마토그래프법	• 다이에틸아민구리 용액
폼알데하이드	• 크로모트로핀산법 • 아세틸아세톤법	• 크로모트로핀산+황산 • 아세틸아세톤 함유 흡수액
황화수소	• 자외선/가시선분광법	• 아연아민착염 용액
플루오린화합물	• 자외선/가시선분광법 • 적정법 • 이온선택전극법	• 수산화소듐 용액($0.1\,mol/L$)
사이안화수소	• 자외선/가시선분광법	• 수산화소듐 용액($0.5\,mol/L$)
브로민화합물	• 자외선/가시선분광법 • 적정법	• 수산화소듐 용액($0.1\,mol/L$)
페놀	• 자외선/가시선분광법 • 가스크로마토그래프법	• 수산화소듐 용액($0.1\,mol/L$)
비소	• 자외선/가시선분광법 • 원자흡수분광법 • 유도결합플라스마 분광법	• 수산화소듐 용액($0.1\,mol/L$)

12.5.2 건조시료 가스 채취량(L)의 계산

흡수병에 시료를 보내기 전에 바이패스 등을 써서 배관속을 시료로 충분히 바꾸어 놓는다. 시료의 흡입유량은 최고 $2L/\text{min}$정도로 하며, 채취하는 시료량은 시료 중의 분석대상 성분의 농도에 따라 증감한다.

시료를 채취할 때는 시료의 부피를 측정하는 위치에서 동시에 가스미터상의 온도, 압력 및 대기압을 측정해 둔다.

건조시료가스 채취량은 습식가스미터 또는 건식가스미터를 사용할 때에 다음 식에 따라 계산한다.

- 습식 가스미터를 사용할 경우

$$V_s = V \times \frac{273}{273+t} \times \frac{P_a + P_m - P_v}{760}$$

- 건식 가스미터를 사용할 경우

$$V_s = V \times \frac{273}{273+t} \times \frac{P_a + P_m}{760}$$

여기서,

V : 가스미터로 측정한 흡입가스량(m^3)

V_s : 건조시료가스 채취량(L)

t : 가스미터의 온도(℃)

P_a : 대기압($mmHg$)

P_m : 가스미터의 게이지압($mmHg$)

P_v : t℃에서의 포화수증기압($mmHg$)

【Q&A】소각로 배출구에서 먼지(Dust) 측정

학번 : 성명 :

대기환경산업기사가 1일 평균 100톤의 일반폐기물을 소각시키는 소각로의 배출구에서 배출되는 먼지를 측정하고자 한다. 기 측정된 조건 및 측정결과가 [표]와 같을 때 물음에 답하시오.

[표 1] 일반조건

배출가스온도	120 ℃
평균동압	$10\,mmH_2O$
평균정압	$-5\,mmH_2O$
측정공에서의 굴뚝 직경(원형)	$2\,m$
측정공의 높이	$25\,m$
피토관계수	0.85
중력가속도	$9.81\,m/s^2$
배출가스중 수분량	18 %
대기압	$758\,mmHg$
γ_o	$1.3\,kg/m^3$

[표 2] 먼지 시료채취

측정방법	수동채취기(1)
측정점수	3
각 측정점에서의 시료채취시간	6 min
포집된 먼지량	$48\,mg$
사용노즐 직경	$6\,mm$
가스미터 흡입가스온도	26 ℃
가스미터의 게이지압	$15\,mmHg$
가스미터에서 읽은 시료채취량	$240\,L$
26 ℃ 에서의 포화수증기압	$25.21\,mmHg$

1. 배출가스 유속(m/s)은?

$$V = C\sqrt{\frac{2gh}{\gamma}}$$

여기서,

V : 유속(m/s)

C : 피토관 계수

g : 중력가속도(=9.81 m/s^2)

h : 피토관에 의한 동압측정치(mmH_2O)

γ : 굴뚝내의 습한 배출가스 밀도(kg/m^3)

2. 가스미터에 있어서의 등속 흡입유량($L/\min$)은?

$$q_m = \frac{\pi}{4}d^2v\left(1-\frac{X_w}{100}\right)\frac{273+\theta_m}{273+\theta_s}\times\frac{P_a+P_s}{P_a+P_m-P_v}\times 60\times 10^{-3}$$

여기서,

q_m : 가스미터에 있어서의 등속 흡입유량($L/\min$)

d : 흡입노즐의 내경(mm)

v : 배출가스 유속(m/s)

X_w : 배출가스 중의 수증기의 부피백분율(%)

θ_m : 가스미터의 흡입가스 온도(℃)

θ_s : 배출가스 온도(℃)

P_a : 측정공 위치에서의 대기압($mmHg$)

P_s : 측정점에서의 정압($mmHg$)

P_m : 가스미터의 흡입가스 게이지압($mmHg$)

P_v : θ_m의 포화수증기압($mmHg$), 건식 가스미터의 경우 P_v 제외

3. 등속계수[$I(\%)$]는?

$$I(\%) = \frac{V_m}{q_m \times t} \times 100$$

여기서, I : 등속계수(%)

V_m : 흡인가스량(습식가스미터에서 읽은 값, L)

q_m : 가스미터에 있어서의 등속 흡입유량($L/\min$)

t : 가스 흡입시간(min)

※ 등속흡입 정도를 파악시 등속계수는 90~110% 범위여야 한다.

4. 배출가스 중 먼지농도(mg/Sm^3)는?

$$C_n = \frac{m_d}{V_n'}$$

여기서, C_n : 건조배출가스 중의 먼지농도(mg/Sm^3)

m_d : 포집된 먼지의 무게(g)

V_n' : 표준상태의 흡입건조 배출가스량(Sm^3)

5. 굴뚝 배출가스 유량(Sm^3/hr)은?

$$Q = A \cdot V = \left(\frac{\pi}{4} \times d^2\right) \times V$$

여기서, Q : 통과유량(m^3/s)

A : (굴뚝) 단면적(m^2)

V : 가스유속(m/s) - 문제1에서 구한 값

d : (굴뚝) 직경(m)

13장

폐기물 소각로 배출가스의 염화수소(HCl) 측정

13.1 싸이오사이안산제이수은법

연소, 화학 반응 등에 의하여 굴뚝 등에서 배출되는 배출가스 중 염화수소를 분석하기 위한 방법이다.

염화수소(HCl)는 수소와 염소 원소로 이루어진 화합물이다. 자극적인 냄새가 나는 무색의 기체로 끓는점은 -85℃, 녹는점은 -114℃이다. 비중은 기체인 경우 공기에 대하여 1.268, 액체는 1.265 (녹는점)이다. 기체는 물에 매우 잘 녹아 20℃에서는 같은 부피의 물에 477배가 녹는다. 용해도가 크기 때문에 기체 상태의 염화수소는 습한 공기 중에서 연기를 낸다. 수용액은 염산이라 하며, 강산이다.

배출가스 중 염화수소를 수산화소듐 용액으로 흡수하여 싸이오사이안산제이수은 용액과 황산제이철암모늄 용액을 첨가하고, 염화이온과 반응하여 생성하는 사이오사이안산제이철 착염의 흡광도(460 nm)를 측정하여 염화수소를 정량한다.

$$Hg(SCN)_2 + 2Cl^- \rightarrow HgCl_2 + 2SCN^-$$

$$2SCN^- + 2Fe_3^+ \rightarrow 2Fe(SCN)^{2+}$$

배출가스 중 염화물 염 등의 입자상물질이 공존하여 분석결과에 영향을 미치는 경우에는 흡수병 전단에 PTFE(polytetrafluoroethylene) 재질의 여과지(0.45 μm 이하)를 설치하여 채취한다.

배출가스 중 염소가 공존할 경우에는 삼산화비소 용액(arsenic(III) oxide, As_2O_3) 1 g/L을 첨가한 수산화소듐 용액(0.1 mol/L)을 흡수액으로 하여 배출가스 시료를 채취한 후 염화이온(Cl^-)농도를 측정한다. 동시에 염소(Cl_2)농도를 측정하여 염화이온농도에서 염소농도에 해당하는 염화이온농도를 빼준 값으로 배출가스 시료 중 염화수소 농도를 정량한다.

시료 채취량이 40 L이고, 분석용 시료용액의 양이 250 mL인 경우, 정량범위는 1.6 ppm 이상이며, 검출한계는 0.5 ppm이다.

13.2 염화수소(HCl) 분석

13.2.1 준비물

- 시약류
  - sodium hydroxide($NaOH$)
  - mercury(II) thiocyanate($Hg(SCN)_2$)
  - methanol(CH_3OH)
  - ammonium iron(III) sulfate dodecahydrate($NH_4Fe(SO_4)_2$)
  - perchloric acid($HClO_4$)
  - sodium chloride($NaCl$)

- 실험장치

· 시료채취 장치 : 시료채취관은 배출가스 중의 염화수소에 의해 부식되지 않는 재질의 관으로 유리관, 석영관, 불소수지관(PTFE) 등을 사용한다.

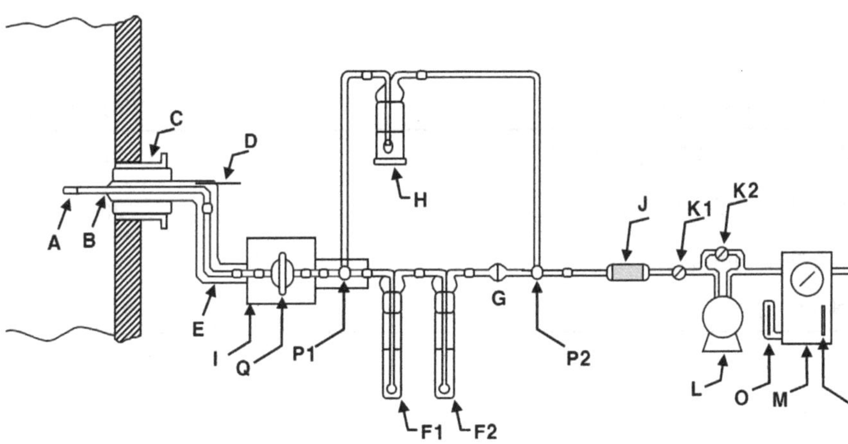

A :여과재	G :유리필터	L: 흡입펌프
B :채취관	H : 세척병(용량: 100~250mL)	M: 가스미터
C :측정공	I : 가열박스	N: 온도계
D: 온도계	J : 건조관	O: 압력계
E: 히터	K1,K2:유량 조절 콕	P1,P2: 3방향 콕
F1,F2 : 흡수병(용량: 100~250mL)		Q: 여과지 홀더

〈그림 13-1〉 염화수소 시료 채취장취(예).

· 흡광광도계 : 실험실내 UV-Vis Spectrophotometer의 작동원리를 사전에 숙지해야 함.

- 초자류

· 메스실린더, 부피플라스크, 갈색플라스크, 피펫, 비이커, 시험관 등

13.2.2 실험방법

【실험요구사항】

1일 평균 100톤의 일반폐기물을 소각시키는 소각로의 배출구에서 배출되는 염화수소를 측정하고자 한다. 시료채취는 습식 가스미터를 사용하고, 분석방법은 싸이오사이안산제이수은법으로 하여 분석하고자 한다.

기 측정된 조건 및 측정결과가 다음 [표 13.1]과 같을 때 물음에 답하고 또한 실험계획서에 따라 미지시료를 제조, 분석하시오.

(단, 계산문제일 경우 필요로 하는 공식을 기재하시오.)

[표 13.1] 가스시료 채취시 조건 (대기압 $758 mmHg$)

습식 가스미터로 측정한 흡입가스량	$36 L$
습식 가스미터 흡입가스 온도	26 ℃
습식 가스미터 게이지압	$10 mmHg$
26 ℃ 에서의 포화수증기압	$25.21 mmHg$

① 시료의 흡수 및 분석용 시료용액을 조제한다.

> **【미지시료(분석용 시료)】**
>
> 시료의 흡입이 끝난 후 250 mL 부피플라스크에 흡수액들을 합쳐 넣고 정제수를 표시선까지 맞춘 후 분석용 시료용액으로 한다.
>
> 본 실험에서는 다음과 같이 미지시료(분석용시료)를 제조한다.
>
> - 염화수소 표준액 : 물 = 부피로 3 : 2 으로 각각 혼합하여
>   (염화수소가스를 흡수한 분석용 시료용액으로 가정하여 사용)
> - 흡수과정은 생략하며, 흡수완료된 분석용 시료 용액량은 100 mL로 가정한다.

② 분석용 시료용액 5 mL를 유리마개가 있는 시험관에 넣는다.

③ 여기에 황산제이철암모늄 용액 2 mL와 싸이오사이안산제이수은 용액 1 mL 및 메탄올 10 mL를 넣고 마개를 하여 조용히 흔들어 섞는다.

> **【황산제이철암모늄 용액】**
>
> 황산제이철암모늄 6.0 g + 과염소산(1+2) ⇒ 100 mL
>
> (갈색병 혹은 갈색부피플라스크에 보관)
>
> **【싸이오사이안산제이수은 용액】**
>
> 싸이오사이안산제이수은 0.4 g + 메탄올 ⇒ 100 mL
>
> (갈색병 혹은 갈색부피플라스크에 보관)

④ 약 20℃에서 약 10분간 방치 후 10 mm 흡수셀에 넣고, 460 nm 부근의 파장에서 흡광도를 측정한다.

⑤ 바탕 시료용액 흡수액(5 mL)을 ③, ④항에 따라 시험한다.

> **【흡수액 : $NaOH$-0.1 N】**
>
> ➢ 수산화소듐(Sodium Hydroxide, $NaOH$) 4.0 g + 정제수
>
> ⇒ 1000 mL

13.2.3 농도계산

- 검정곡선의 작성

① 염화이온 표준용액($20\,\mu g/mL$) 0, 2, 4, 6, 10 mL를 단계적으로 취한 후 흡수액으로 총량 10 mL로 제조한다.

> - 염화이온 표준용액 : $20\,\mu g/mL$
>
> ➢ 염화이온 표준원액(Cl^{-}-$1\,mg/mL$)
>
> 염화소듐(Sodium Chloride, $NaCl$) $1.648\,g$ + 정제수⇒ $1000\,mL$
>
> $$\frac{NaCl\text{-}x\,g}{1L} \times \frac{22.4L}{58.44\,g} \times \frac{Cl^{-}\text{-}35.45\,g}{22.4\,L} = Cl^{-}\ 1mg/mL$$
>
> $$\therefore NaCl\text{-}x\,g = 1.648\,g$$
>
> ➢ 염화이온 표준원액(Cl^{-}-$20\mu g/mL$)
>
> 표준원액을 $100\,mL$ 부피플라스크에 $2\,mL$를 넣고 정제수로 표선까지 맞추어 표준용액으로 한다.

② 단계적으로 제조한 검정곡선용 표준용액은 $5\,mL$씩 시험관에 취하고, 2.2 실험방법의 ③, ④항에 따라 시험한다.

③ 각 표준용액의 농도에 해당하는 흡광도를 측정하고 각각 표준용액 농도와 흡광도 간의 관계식을 작성한다.

- 농도계산

검정곡선은 표준용액의 농도에 대한 흡광도 높이로 작성한다. 배출가스 중 미지시료의 염화수소 농도는 다음과 같이 계산한다.

$$C = \frac{0.01 \times \dfrac{A}{A_s} \times 250}{V_s} \times 1000$$

$$C' = C \times \frac{35.453}{22.4}$$

여기서, C : 염화수소 농도(ppm)

C' : 염화수소 농도(mg/m^3)

A : 분석용 시료용액의 흡광도

A_s : 표준용액의 흡광도

V_s : 건조시료 가스량(L)

- 건조시료 가스 채취량 다음 식에 따라 계산한다.

$$V_s = 20L \times \frac{273}{273+26} \times \frac{758 + 10 - 25.21}{760} = 32.125\,L$$

실 험 보 고 서

제출일 : 2025년   월   일

과목명		학번		성명	

○ 실험날짜 : 2025년   월   일

1. 제목

2. 실험목적

3. 실험원리 및 이론

4. 실험방법

4.1 재료

4.2 장치

4.3 방법

실험순서 등을 그림으로 표현하시오.

5. 결과 및 해석

5.1 실험 후 표준용액 및 미지시료의 발색사진을 붙여주세요.

5.2 흡광도 측정결과

<table>
<tr><th>표준액
(mL)</th><th>흡수액
(mL)</th><th>흡광도</th><th>비고</th></tr>
<tr><td>0</td><td>10</td><td></td><td rowspan="6">“Zero(0)”점 교정전
바탕시험액의 흡광도
: ____________________</td></tr>
<tr><td>3</td><td>7</td><td></td></tr>
<tr><td>5</td><td>5</td><td></td></tr>
<tr><td>7</td><td>3</td><td></td></tr>
<tr><td>10</td><td>0</td><td></td></tr>
<tr><td colspan="2">미지시료</td><td></td></tr>
</table>

5.3 검량곡선 작성-모눈종이 부착

6. 고찰

7. 결론

8. 참고문헌

【Q&A】염화수소(HCl) 측정

학번 : 성명 :

1. 소각로의 굴뚝에서 대기로 배출되는 배출가스 중의 염화수소를 측정하고자 할 때, 분석방법 싸이오사이안산제이수은법의 측정원리를 서술하시오.

2. 과염소산(1+2)용액 200 mL 제조방법을 쓰시오.

3. 염화수소 시료채취시 사용 가능한 채취관 및 도관의 재질과 여과재의 종류를 쓰시오.

4. 염화수소가 배출될 수 있는 시설 3개를 쓰시오.

5. 배출가스 중 다음과 같은 조건일 때, 싸이오사이안산제이수은법에 의한 염화수소(HCl)의 농도는 얼마인가?

> 단, 시료 가스채취량 $40L$, 표준용액을 발색하여 얻어진 흡광도 0.2, 분석용 시험용액을 발색하여 얻어진 흡광도 0.25, 유량계에 의한 가스온도 37℃, 유량계에 의한 가스압력 780 $mmHg$이다.

6. 굴뚝에서 시료채취장치를 다음과 같이 설치하고자 한다. 각 명칭을 쓰시오.

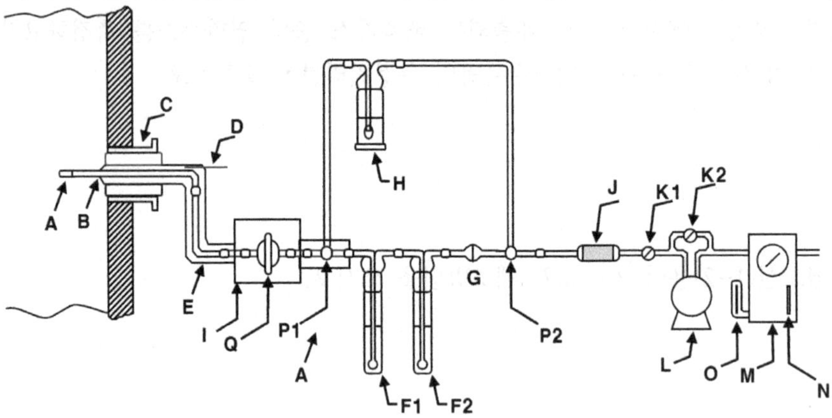

A		J	
B		K1,K2	
C		L	
D		M	
E		N	
F1,F2		O	
G		P1,P2	
H		Q	
I			

14장

화학비료 공장 배출가스 중 암모니아(NH_3) 측정

14.1 인도페놀법

연소, 화학 반응 등에 의하여 굴뚝 등에서 배출되는 배출가스 중 암모니아를 분석하기 위한 방법이다.

암모니아는 자극적인 강한 냄새가 나고 강염기성을 띠는 질소와 수소의 화합물로 NH_3의 화학식을 갖는다. 가벼운 무색의 기체로 녹는점 -77.7℃, 끓는점 -33.4℃이다. 암모니아 가스는 공기 중에서는 타지 않지만, 산소 속에서는 노란 불꽃을 내면서 연소하여 질소와 물을 생성한다. 이때 촉매를 써서 산화시키면 질산이 생기므로, 이 반응은 질산 제조에 이용된다. 암모니아는 점막을 상하게 하므로, 눈이나 코 등에 닿지 않도록 해야 한다.

배출가스 중 암모니아를 붕산용액으로 흡수하여 페놀-나이트로프루시드소듐 용액과 하이포아염소산소듐 용액을 첨가하고 암모늄 이온과 반응하여 생성하는 인도페놀류의 흡광도(640 nm)를 측정하여 암모니아를 정량한다.

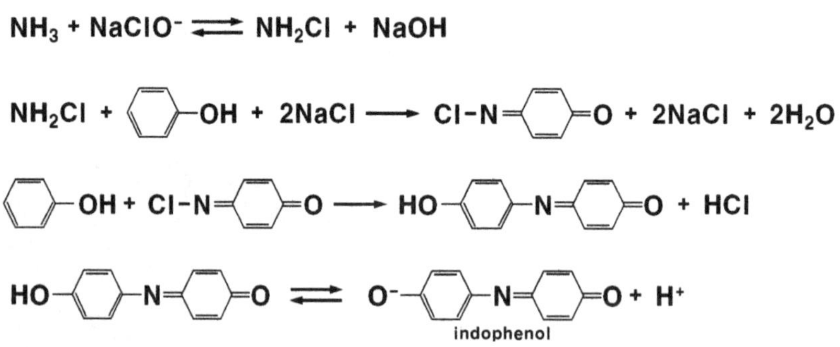

시료 채취량이 20 L이고, 분석용 시료용액의 양이 250 mL인 경우, 정량범위는 1.2 ppm 이상이며, 검출한계는 0.5 ppm이다.

배출가스 중 공존시 영향물질은 다음과 같다.

- 이산화질소 : 100 배 이상
- 아민류 : 몇십 배 이상
- 이산화황 : 10배 이상
- 황화수소 : 같은 양 이상

14.2 암모니아(NH_3) 분석

14.2.1 준비물

- 시약류

· boric acid(H_3BO_3)

· hydrogen peroxide(H_2O_2)

· sodium hydroxide($NaOH$)

· acetic acid($C_2H_4O_2$)

· starch(soluble, $(C_6H_{10}O_5)_n$)

· phenol(C_6H_6O)

· sodium nitroprusside diihydrate($Na_2[Fe(CN)_5NO] \cdot 2H_2O$)

· sodium hypochlorite($NaClO$)

· potassium iodide(KI)

· sodium thiosulfate pentahydrate($Na_2S_2O_3 \cdot 5H_2O$)

· sodium carbonate(Na_2CO_3)

· potassium iodate(KIO_3)

· ammonium sulfate($(NH_4)_2SO_4$)

- 실험장치

· 시료채취 장치 : 시료채취관은 배출가스 중의 염화수소에 의해 부식되지 않는 재질의 관으로 유리관, 석영관, 불소수지관(PTFE) 등을 사용한다.

· 흡광광도계 : 실험실내 UV-Vis Spectrophotometer의 작동원리를 사전에 숙지해야 함.

- 초자류

· 메스실린더, 부피플라스크, 갈색플라스크, 피펫, 비이커, 시험관 등

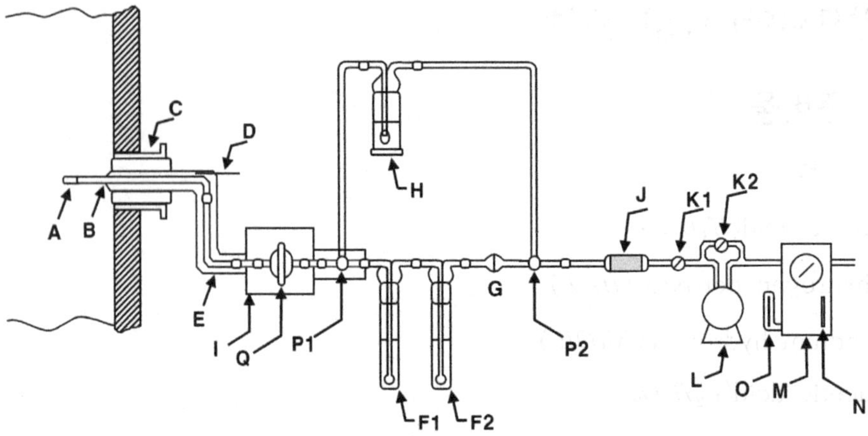

A :여과재
B :채취관
C :측정공
D: 온도계
E: 히터
F1,F2 : 흡수병(용량: 100~250mL)
G :유리필터
H : 세척병(용량: 100~250mL)
I : 가열박스
J : 건조관
K1,K2:유량 조절 콕
L: 흡입펌프
M: 가스미터
N: 온도계
O: 압력계
P1,P2: 3방향 콕
Q: 여과지 홀더

〈그림 14-1〉 암모니아 시료 채취장취(예).

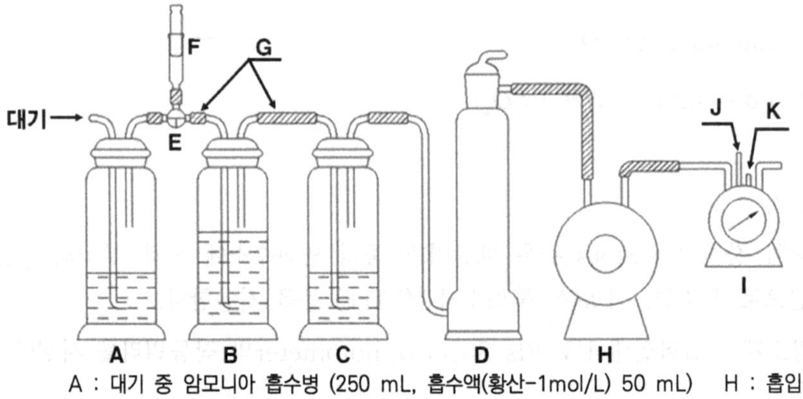

A : 대기 중 암모니아 흡수병 (250 mL, 흡수액(황산-1mol/L) 50 mL)
B : 시료가스 흡수액(250 mL,(시료가스 채취용액 +세정액) 약 12 0mL)
C : 암모니아 흡수병(250 mL, 흡수액(봉산용액-5g/L) 50 mL)
D : 실리카겔 (건조탑)
E : 3방향 콕
F : 플라스틱제 주사기 (수산화소듐 용액-8mol/L 5mL)
G : 연결관(실리콘 고무,PTFE 수치 등)
H : 흡입펌프
I : 가스미터
J : 온도계
K : 압력계

〈그림 14-2〉 암모니아 추출장치(예).

14.2.2 실험방법

【실험요구사항】

대기환경기사가 당해 사업장의 화학비료 제조공장에서 배출되는 배출가스 중의 암모니아를 대기오염공정시험법에 의하여 측정하고자 한다.

기 측정된 조건 및 결과치가 다음[표 14.1]과 같을 때 물음에 답하고 또한 실험계획에 따라 미지시료를 제조, 분석하시오.

(단, 계산문제일 경우 필요로 하는 공식을 기재하시오.)

[표 14.1] 가스시료 채취시 조건 (대기압 $760\,mmHg$)

습식 가스미터로 측정한 흡입가스량	$20\,L$
습식 가스미터 흡입가스 온도	26.5 ℃
건식 진공게이지압	$3\,mmHg$
26.5 ℃ 에서의 포화수증기압	$23.76\,mmHg$

① 시료의 흡수 및 분석용 시료용액을 조제한다.

- 미지시료(분석용 시료)

시료의 흡입이 끝난 후 전체 흡수병 속의 용액을 비커에 옮겨 담고 가열부분 이외의 채취관과 흡수병을 흡수액으로 씻는다. 비커 중 용액에 합한 후 250 mL 부피플라스크에 옮겨 담는다. 흡수액을 가하여 250 mL 표선에 맞춘 후 분석용 시료용액으로 한다.

본 실험에서는 다음과 같이 미지시료(분석용시료)를 제조한다.

- 암모니아성 표준액 5 mL + 흡수액 5 mL ⇒ 10 mL
- 흡수과정은 생략하며, 암모니아 가스를 흡수한 흡수액으로 가정한다.

② 분석용 시료 용액, 암모니아 표준용액을 $10\,mL$씩 유리마개가 있는 시험관에 넣는다.

③ 여기에 페놀-나이트로프루시드소듐 용액 $5\,mL$를 넣고 흔들어 섞은 다음 하이포아염소산소듐 용액 $5\,mL$를 넣은 후 마개를 하여 조용히 흔들어 섞는다.

> ➢ 페놀-나이트로프루시드소듐 용액
> 페놀 5.0 g + 나이트로프루시드소듐2수화물 0.025 g + 정제수
> ⇒ 500 mL
> ➢ 하이포아염소산소듐 용액
> 하이포아염소산소듐 용액(유효염소 50~120 g/L) 600/C(C : 유효염소 g/L) mL 및 수산화소듐 15 g ⇒ 1000 mL
> ※ 시험시 보통 10% 하이포아염소산소듐 용액을 사용하므로 유효염소로서 1 g 에 해당하는 mL수를 취한다.
>
> $$10\%\,NaOCl = \frac{NaOCl}{100mL} \Big| \frac{Cl\,35.45\,g}{NaOCl\,74.4\,g} = \frac{Cl\,4.76\,g}{100\,mL} = \frac{Cl\,1g}{21\,mL}$$
>
> ∴ 10% $NaOCl$ 용액 21 mL를 증류수에 넣어 100 mL로 한다.

④ 약 25 ~ 30 ℃에서 1시간 방치한 다음 10 mm 흡수셀에 넣고, 640 nm 부근의 파장에서 흡광도를 측정한다.

⑤ 바탕 시료용액 흡수액(10 mL)을 ③, ④항에 따라 시험한다.

> • 흡수액 : H_3BO_3-0.5%
> ➢ 붕산(Boric acid, H_3BO_3) 5.0 g을 비커에 넣어 용해시킨 후 1 L 부피플라스크에 넣어 정제수로 표선까지 맞춘다.

13.2.3 농도계산

• 검정곡선의 작성

① 암모니아성 표준용액(1 $\mu L/mL$) 0, 3, 5, 7, 10 mL를 단계적으로 취한 후 흡수액으로 총량 10 mL로 제조한다.

> ➢ 암모니아 표준원액($1\,mL/mL$)
>
> 황산암모늄(ammonium sulfate, $(NH_4)_2SO_4$) $1.4729\,g$ + 정제수
>
> ⇒ $500\,mL$
>
> ➢ 암모니아 표준용액($1\mu L/mL$)
>
> 표준원액을 $1L$ 부피플라스크에 $1mL$를 넣고 흡수액으로 표선까지 맞추어 표준용액으로 한다.

② 단계적으로 제조한 검정곡선용 표준용액은 $10mL$씩 시험관에 취하고, 2.2 실험방법의 ③, ④항에 따라 시험한다.

③ 각 표준용액의 농도에 해당하는 흡광도를 측정하고 각각 표준용액 농도와 흡광도 간의 관계식을 작성한다.

- 농도계산

검정곡선은 표준용액의 농도에 대한 흡광도 높이로 작성한다. 배출가스 중 미지시료의 염화수소 농도는 다음과 같이 계산한다.

$$C = \frac{0.01 \times \frac{A}{A_s} \times 250}{V_s} \times 1000$$

$$C' = C \times \frac{1}{1000}$$

여기서, C : 암모니아 농도(ppm)

C' : 암모니아 농도($V/V\%$)

A : 분석용 시료용액의 흡광도

A_s : 표준용액의 흡광도

V_s : 건조시료 가스량(L)

○ 건조시료 가스 채취량 다음 식에 따라 계산한다.

$$V_s = 20L \times \frac{273}{273 + 26.5} \times \frac{760 + 3 - 23.76}{760} = 17.732\,L$$

실 험 보 고 서

제출일 : 2025년 월 일

과목명		학번		성명	

○ 실험날짜 : 2025년 월 일

1. 제목

2. 실험목적

3. 실험원리 및 이론

4. 실험방법

4.1 재료

4.2 장치

4.3 방법

실험순서 등을 그림으로 표현하시오.

5. 결과 및 해석

5.1 실험 후 표준용액 및 미지시료의 발색사진을 붙여주세요.

5.2 흡광도 측정결과

표준액 (mL)	흡수액 (mL)	흡광도	비고
0	10		"Zero(0)"점 교정전 바탕시험액의 흡광도 : ________
3	7		
5	5		
7	3		
10	0		
미지시료			

5.3 검량곡선 작성-모눈종이 부착

6. 고찰

7. 결론

8. 참고문헌

【Q&A】암모니아(NH_3) 측정

학번 : 성명 :

1. 배출가스 중 암모니아를 인도페놀법으로 분석하고자 할 때, 가장 큰 방해물질은 무엇인가?

2. 암모니아성 표준용액을 제조시, 황산암모늄을 1.4729 g을 취하는 이유를 설명하시오.

3. 암모니아(NH_3)와 흡수액(붕산용액 H_3BO_3)의 화학반응식을 쓰시오.

4. 암모니아(NH_3) 시료채취시 채취관의 재질을 3가지 이상를 쓰시오.

5. 바이패스 흡수병을 사용하는 이유에 대해서 쓰시오.

6. 배출가스 중 다음과 같은 조건일 때 표준상태로 환산한 배출가스량을 단위와 함께 쓰시오.(단, 각 측정압은 평균값으로 가정한다)

가스유속(V)	7.583 m/s	수분량	15 %
가스비중(γ_0)	1.3 kg/m^3	대기압	765 $mmHg$
원형굴뚝 직경	100 cm	배출가스온도	150 ℃

7. 굴뚝에서 시료채취장치를 다음과 같이 설치하고자 한다. 각 명칭을 쓰시오.

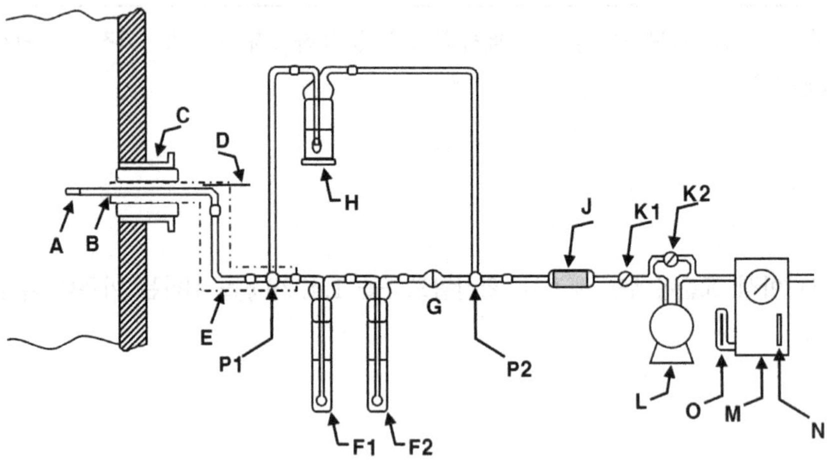

A		J	
B		K1,K2	
C		L	
D		M	
E		N	
F1,F2		O	
G		P1,P2	
H			

15장

화학공장 배출가스 중 황산화물(SO_2) 측정

15.1 아르세나조 III

각종 산업공정에서 화학반응, 연소 등에 따라 굴뚝 등에서 배출되는 배출가스 중의 황산화물(SO_x : $SO_2 + SO_3$)을 분석하는 방법을 규정하고 있다.

황산화물에는 아황산가스, 삼산화황, 아황산, 황산, 황산, 마그네슘, 황산칼슘, 황산구리 등이 있다. 이들 중 대기오염물질로서 중요한 것은 아황산가스와 삼산화황이며, 이중 아황산가스는 대기오염의 지표가 된다.

자연계에 존재하는 화석연료인 석탄과 석유에는 0.1~0.5%의 유황을 함유하며 연료가 탈 때 아황산가스의 삼산화황 발생률은 40~80대 1로 생성되므로 SO_x로 표시된다.

아황산가스는 화석연료가 연소할 때 산화되어 발생하며 무색이고 불연성기체로서 자극성 냄새가 난다. 황산화물은 광화학반응이나 촉매작용을 하며 습기가 높을 때 부식성이 높은 황산 미스트를 생성하여 빛의 분산, 시야 감소, 금속부식 등을 야기시키고 건축물에 손상을 입히기도 한다. 이러한 황산화물은 공기중에 탄화수소(HC)나 질소산화물(NO_x)이 존재할 때 산화율이 10배정도 빨리 증가하여 황산미스트를 더 빨리 생성시킨다.

공장에서 배출하는 가스는 대부분 아황산가스를 함유하고 있는데 아황산가스는 환원성 표백제로 사용된다. 황산공장, 염료제조공정, 살충제, 보존료, 표백제, 펄프 공장 등에서 배출된다. 화석연료에는 유황분이 함유되어 있어서 연소시 이산화황으로 산화되어 대기에 방출된다. 유황분의 형태로서는 유기유황, 황화물, 황산염이 있는데 연소할 때 아황산가스를 발생시킨다. 황산염은 회분에 잔류하거나 입자로 대기에 방출된다. 특히 석탄연소, 석유연소, 중유, 석유정제, 비철금속 정련공장에서 많이 발생한다.

황산화물을 줄이기 위해서는 연료의 유황분을 없애고, 석유류는 고온촉매 상태에서 수소를 가하여 황화수소를 제거한다. 건식법에서는 활성탄, 활성 망간으로 흡착반응한 후 황산 및 암모니아 등으로 회수하여 습식법에서는 아황산가스를 수산화나트륨, 탄산나트륨 등의 수용액으로 세정하고 흡수액에 탄산칼슘을 가하여 회수하는 방법을 사용한다.

배출가스를 과산화수소수에 흡수시켜 황산화물을 황산으로 만든 후 아이소프로필알코올과 아세트산을 가하고 아르세나조 III을 지시약으로 하여 아세트산바륨 용액으로 적정한다.

$$SO_2 + H_2O_2 \longrightarrow H_2SO_4$$

$$H_2SO_4 + (CH_3COO)_2Ba \longrightarrow BaSO_4(\downarrow)(\text{침전}) + 2CH_3COOH$$

$$[As\text{III} + SO_4^{2-}](\text{적자색}) + Ba^{2+} \longrightarrow BaSO_4(\downarrow) + BaAs\text{III}\ (\text{청색 : 종말점})$$

시료가스 중 먼지가 섞여 들어가는 것을 방지하기 위하여 채취관의 앞 끝에 알칼리(alkali)가 없는 유리솜 등 적당한 여과재를 넣는다. 시료가스 중 황산화물과 수분이 응축되지 않도록 시료채취관과 콕 사이를 가열할 수 있는 구조로 한다.

배관은 될 수 있는 한 짧게 하고, 수분이 응축될 우려가 있는 경우에는 채취관에서 삼방콕사이를 160℃ 정도로 가열한다.

채취관과 어댑터(adapter), 삼방콕 등 가열하는 접속부분은 갈아맞춤 또는 실리콘 고무관을 사용하고 보통 고무관을 사용하면 안된다.

시료가스의 채취위치는 대표할 수 있는 기체가 채취될 수 있는 점, 즉 기체의 유속이 현저하게 변화하지 않고 먼지 등이 쌓이지 않으며 수분이 적은 곳을 선택하여야 한다.

시료 채취량 20L를 흡수액에 통과시키고, 이 용액을 250mL로 묽게하여 분석용 시료용액으로 할 때 전 황산화물의 농도가 (140 ~ 700)ppm의 시료에 적용된다. 검출한계는 44.0 ppm이다.

15.2 황산화물(SO_X) 분석

15.2.1 준비물

- 시약류
  - · hydrogen peroxide(H_2O_2)
  - · acetic acid(CH_3COOH)
  - · sodium carbonate(Na_2CO_3)
  - · acetic acid($C_2H_4O_2$)
  - · bromophenol blue($C_{19}H_{10}Br_4O_5S$)
  - · ethanol(C_2H_5OH)
  - · barium acetate($(CH_3CO_2)_2Ba$)
  - · lead acetate trihydrate($(CH_3COO)_2Pb \cdot 3H_2O$)
  - · isopropanol(IPA, isopropyl alcohol, $(CH_3)_2CHOH$)

· sulfuric acid(H_2SO_4)

· arsenazo Ⅲ($(HOSO_2)_2C_{10}H_2(OH)_2(N_2C_6H_4AsO(OH)_2)_2$)

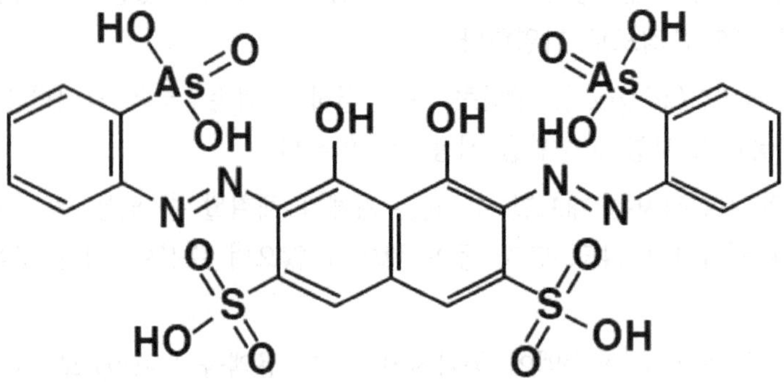

【Arsenazo III의 구조식】

- 실험장치

· 시료채취 장치 : 시료채취관은 배출가스 중의 황산화물에 의해 부식되지 않는 재질, 예를 들면 유리관, 석영관, 스테인리스강 재질(stainless steel pipes) 등을 사용한다.

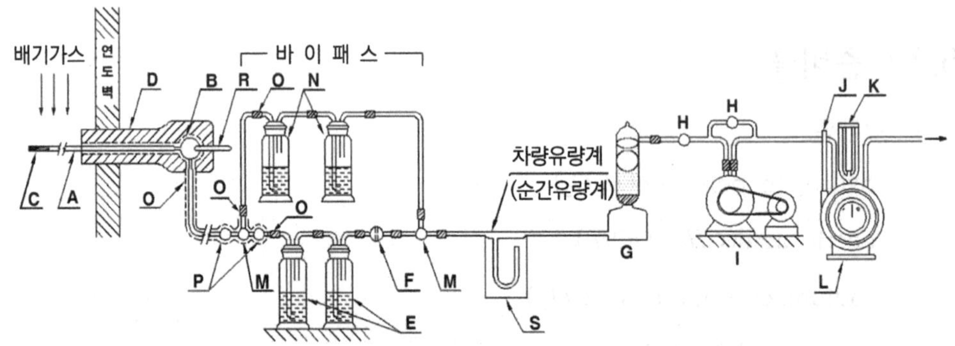

A : 시료채취관
B : 연결관
C : 여과지
D : 보온재
E : 흡수병(위로 향한 여과판 G_2가 붙은 부피 150~250mL)
F : 유리필터(G_4)
G : 가스건조탑(실리카겔)
H : 유량조절 콕
I : 밀폐식 흡입펌프(0.5~ 5L/min)
J : R^2: 온도계
K : 압력계
L : 습식가스미터(1회전 1L)
M : 3방향 콕
N : 바이패스용 세척병[1] (E와같은것)
O : 실리콘 고무관
P : 구면 갈아맞춤

〈그림 15-1〉 황산화물 시료 채취장치(예)

- 초자류

· 메스실린더, 삼각플라스크, 뷰렛, 부피플라스크, 피펫, 비커 등

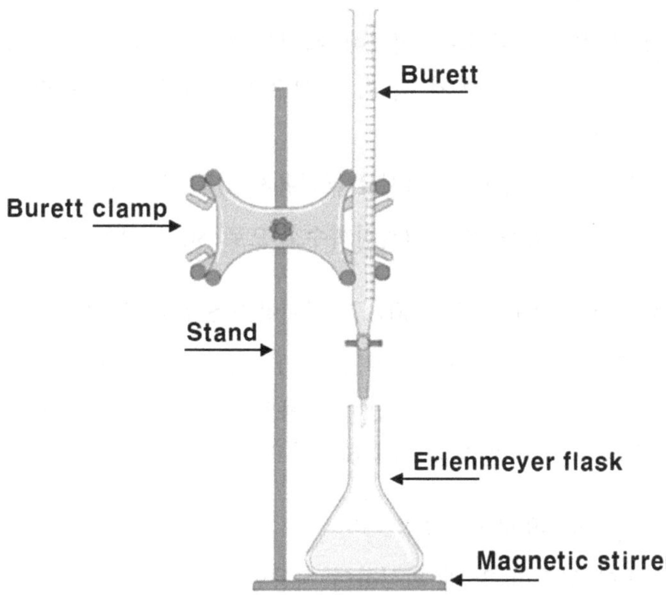

〈그림 15-2〉 표·적정 실험장치.

15.2.2 실험방법

> • 실험요구사항
>
> 대기환경기사가 당해 사업장의 화학공장에서 배출되는 배출가스 중의 황산화물을 대기오염공정시험법에 의하여 측정하고자 한다.
>
> 기 측정된 조건 및 결과치가 다음[표 15.1]과 같을 때 물음에 답하고 또한 실험 계획에 따라 미지시료를 제조, 분석하시오.
>
> (단, 계산문제일 경우 필요로 하는 공식을 기재하시오.)

[표 15.1] 가스시료 채취시 조건 (대기압 $760mmHg$)

습식 가스미터로 측정한 흡입가스량	$20L$
습식 가스미터 흡입가스 온도	26.5℃
건식 진공게이지압	$3mmHg$
26.5℃ 에서의 포화수증기압	$23.76mmHg$

① 시료의 흡수 및 분석용 시료용액을 조제한다.

> • 미지시료(분석용 시료)
>
> 시료의 흡입이 끝나면 용액을 비커에 옮기고 다시 흡수병을 씻어서 합한 후 250 mL 부피플라스크에 옮겨 넣고, 정제수로 표선까지 채운 것을 분석용 시료용액으로 한다.
>
> 본 실험에서는 다음과 같이 미지시료(분석용시료)를 제조한다.
>
> - $N/250$ 황산 5 mL를 흡수액(과산화수소)으로 50배 희석하여 사용.

② 분석용 시료 용액 10 mL를 200 mL 삼각플라스크에 분취한다.

③ 아이소프로필 알코올 40 mL, 아세트산 1 mL 및 아르세나조 III 지시약(4 ~ 6) 방울을 가하고, 0.005 mol/L 아세트산바륨 용액으로 적정한다. 액의 색이 청색으로 되어 1분간 지속되는 점을 종말점(End point)으로 한다.

> ➢ $N/250$-H_2SO_4(0.002 mol/L)
>
> $N/10$-H_2SO_4를 정확히 25배 희석하여 사용한다.
>
> ➢ $N/10$-H_2SO_4(0.05 mol/L)
>
> $N \cdot V = N' \cdot V'$에서 0.1N-H_2SO_4 1000 mL 제조하기
>
> → $0.1 \times 1000 = 1000 \times 1.84 \times 0.95 \times 1N/49g \times x(mL)$
>
> $\therefore x = 2.803(mL) \fallingdotseq 3mL$
>
> 즉, 황산 3 mL을 1000 mL 부피플라스크에 넣고 정제수로 표선까지 채워서 $N/10$-H_2SO_4을 제조한다.
>
> ➢ 아르세나조 III 지시약
>
> 아르세나조 III 0.2 g을 정제수 100 mL에 녹이고 거른다. 이 용액은 갈색병에 보관한다.
>
> ➢ $N/100$(0.005 mol/L) 아세트산바륨 용액
>
> 아세트산바륨 1.1 g + 아세트산납3수화물 0.4 g + 정제수 200 mL + 아세트산 3 mL + 아이소프로필알코올 ⇒ 1000 mL

④ 흡수액(100 mL)을 250 mL 부피플라스크에 넣고 정제수로 표선까지 맞춘다. 이 용액을 바탕 시료용액으로 하고 ③항에 따라 적정하여 바탕시험값을 구한다.

> • 흡수액 : $H_2O_2(1+9)$
>
> ➢ 30%과산화수소(H_2O_2) 10 mL + 정제수(90 mL) ⇒ 100 mL

- $0.1N\text{-}H_2SO_4$의 표정

㉠ 무수탄산소듐(Na_2CO_3) 1 ~ 1.5 g을 백금접시에 넣고 약 600℃에서 약 1시간 가열한 후 데시케이터에서 식히고, 그 무게를 정확히 단다.

㉡ 이를 정제수에 녹여 250 mL 부피플라스크에 옮겨 정제수로 표선까지 채운다.

㉢ 이 용액 25 mL를 200 mL 코니칼 플라스크에 분취

㉣ 브롬페놀블루우 지시약 2 ~ 3 방울 가한다.

㉤ $N/10\text{-}H_2SO_4$용액으로 적정한다.(종말점 : 청색→황색)

㉥ 역가계산

$$f = \frac{W \times \frac{25}{250}}{V' \times 0.0053}$$

여기서, f : $0.1N\text{-}H_2SO_4$의 역가

W : 무수탄산소듐의 양(g)

V' : 적정에 사용한 $0.1N\text{-}H_2SO_4$ 황산의 양(mL)

0.0053 : $0.1N\text{-}H_2SO_4$ 1 mL의 탄산소듐 상당량(g)

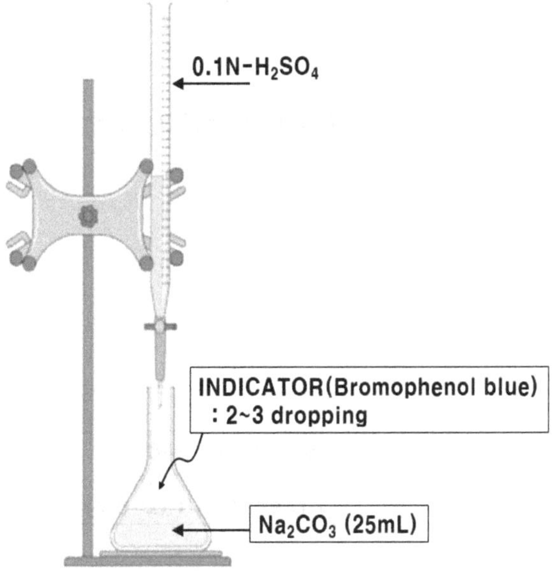

- $0.01N$-$(CH_3CO_2O)_2Ba$의 표정

㉠ $N/250$-H_2SO_4 $10mL$를 $200mL$코니칼 플라스크에 분취

㉡ 아이소프로필알코올 $40mL$, 아세트산 $1mL$, 아르세나조 III 지시약 $4 \sim 6$ 방울을 가함

㉢ $0.01N$-$(CH_3CO_2O)_2Ba(0.005mol/L)$ 용액으로 적정

㉣ 종말점(액의 청색이 1분간 지속되는 점), (자주색→청색)

㉤ 역가계산

$$F = \frac{10 \times f'}{V'} \times \frac{100}{250}$$

$$\left(\frac{1}{250} \times 10mL \times f' = \frac{1}{100} \times V' \times F\right)$$

여기서, F : $N/100$-$(CH_3CO_2)_2Ba$의 역가

f' : $N/250$-H_2SO_4의 역가

V' : 적정에 사용한 $N/100$-$(CH_3CO_2)_2Ba$의 양(mL)

10 : $N/250$-H_2SO_4의 분취량(mL)

100 : $N/100$-$(CH_3CO_2)_2Ba$의 100

250 : $N/250$-H_2SO_4의 250

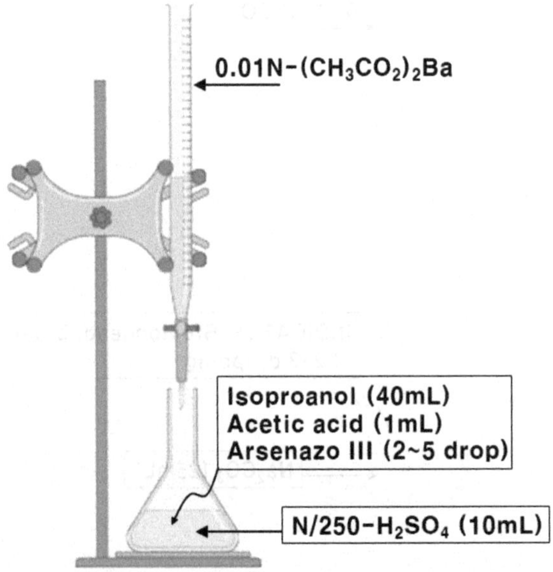

15.2.3 농도계산

시료 중의 황산화물 농도는 다음과 같이 계산한다.

$$C = \frac{0.112 \times (a-b) \times F \times \frac{250}{10}}{V_s} \times 1000$$

여기서, C : 황산화물 농도(ppm)

a : 분석용시료 적정에 사용한 $0.01N$-$(CH_3CO_2O)_2Ba$용액의 부피(mL)

b : 바탕시료 적정에 사용한 $0.01N$-$(CH_3CO_2O)_2Ba$용액의 부피(mL)

F : $0.01N$-$(CH_3CO_2O)_2Ba$용액의 역가

V_s : 건조시료 가스량(L)

0.112 : $0.01N$-$(CH_3CO_2O)_2Ba$ 용액 $1mL$에 상당하는 황산화물 ($SO_2 + SO_3$)의 가스부피(mL)(표준상태)

○ 건조시료 가스 채취량 다음 식에 따라 계산한다.

$$V_s = 20L \times \frac{273}{273+26.5} \times \frac{760+3-23.76}{760} = 17.732\,L$$

실 험 보 고 서

제출일 : 2025년 월 일

과목명		학번		성명	

○ 실험날짜 : 2025년 월 일

1. 제목

2. 실험목적

3. 실험원리 및 이론

4. 실험방법

4.1 재료

4.2 장치

4.3 방법

실험순서 등을 그림으로 표현하시오.

5. 결과 및 해석

5.1 실험과정의 사진을 붙여주세요.

5.2 표정결과

구분	$0.1N-H_2SO_4$		$0.01N-(CH_3CO_2)_2Ba$	
	적정량(mL)	Factor	적정량(mL)	Factor
1차				
2차				
3차				
평균				

5.3 분석용 시료용액 적정결과

	적정량(mL)
바탕시료용액	
분석용시료용액	

6. 고찰

7. 결론

8. 참고문헌

【Q&A】황산화물(SO_2) 측정

학번 :   성명 :

1. 배출가스 중 황산화물을 아르세나조III법으로 분석하고자 할 때, 시료가스 중 황산화물의 농도가 몇 ppm 이상일 때 적용되는가?

2. 어느 공장의 굴뚝 배출가스를 포집하여 황산화물(아르세나조III법)을 측정하였다. 그 결과를 다음과 같이 얻었을 때, 황산화물의 농도는?

① 시료가스 채위량 : 30 L ② 분석용 시료 용액 전량 : 250 mL ③ 분석용 시료용액 : 20 mL ④ 적정에 소요된 N/100초산바륨 : 8.6 mL ($F=1$) ⑤ 공시험에 소요된 N/100초산바륨 : 0.1 mL (단, N/100 아세트산바륨 1 는 황산화물 0.112에 상당한다)

3. 여과재의 종류 2가지를 서술하시오.

4. 여과재의 사용목적에 대해서 쓰시오.

5. 황산화물 시료채취시 채취관의 재질을 3가지 이상을 쓰시오.

6. 굴뚝에서 시료채취장치를 다음과 같이 설치하고자 한다. 각 명칭을 쓰시오.

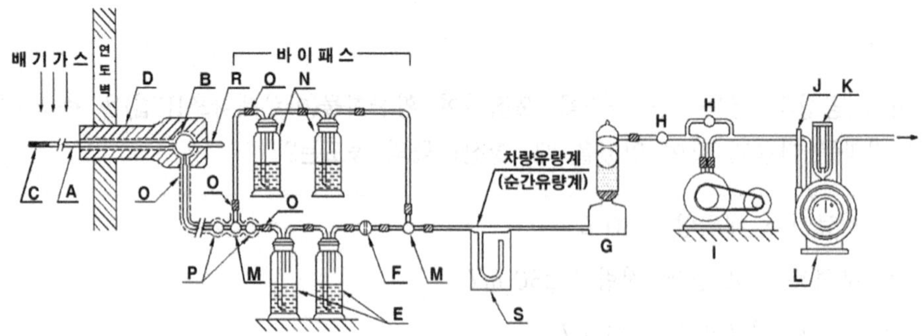

A		I	
B		J, R	
C		K	
D		L	
E		M	
F		N	
G		O	
H		P	

환경분석실습

2025년 7월 30일 인쇄 발행

저 자	고재철
발 행 인	송기수
발 행 처	도서출판 GS인터비전
편 집 처	도서출판 GS인터비전
편 집 인	한아름
인 쇄 처	트윈벨미디어
등록번호	제 25100-2016-000050호
I S B N	979-11-5576-511-1(93530)

주 소	서울 은평구 증산로 15길 69, 2층
전 화	02-976-7898, 02-3272-7898.
팩 스	02-6468-7898
홈페이지	gsintervision.kr
E-Mail	gsinter7@gmail.com

정 가 25,000원